Hans Kammerlander, Rainer Kurek

Direttissima zum Erfolg

Inhalt

Für Zara

Geleitwort

Von geschickten Blendern und echten Gipfelstürmern

An jenem Abend bekam mein Bild von Führungskräften einen Riss. Es war ein Abend während der Internationalen Automobil-Ausstellung. In einem Frankfurter Restaurant war ich mit zwei Vorständen zum Essen verabredet. Einer kam von einem weltbekannten Autohersteller, der andere war ein Großmogul in der Medienbranche. Das Treffen sollte für mich zu einer Art Positionsbestimmung der Managergarde werden, was ich aber zu diesem Zeitpunkt noch nicht wissen konnte.

Das Gespräch plätscherte bei einem sehr schmackhaften Fischgericht so dahin. Wir sprachen über Autos, die unfähigen Politiker, den kurzen Glanz von Erfolgen und lästerten über Konkurrenten. Nach dem Dessert knipste der sehr wortgewandte Herr aus der Autobranche, der sich selbst gerne reden hörte, ein arrogantes Lächeln an, griff zum Champagnerglas, schaute seinem gleichrangigen Kollegen gegenüber in die Augen (mir nur ganz kurz) und sagte beim Anstoßen (auch mit mir) merkwürdig triumphierend: »Ha, wir wissen doch, was uns treibt, die Gier und die Macht.« Dieser Satz wurde nicht einfach gesagt. Er wurde gerufen. So, dass sich die Gäste an den Nachbartischen zu uns umdrehten.

Fast hätte ich mich verschluckt, als ich das hörte. Und der direkt Angesprochene sagte nichts, nickte nur erstaunt. Ich weiß nicht, ob er überrascht darüber war, dass der Kollege »seine« oder »die« Karrieretriebfeder allgemein verraten hat. Oder ob es ihm vielleicht nur genauso peinlich war wie mir und er gar nicht so dachte. Kurz darauf war das Dinner vorüber, wir gingen unserer Wege.

Ist das ein Vorbild? Ich weiß noch genau, dass ich damals sehr nachdenklich ins Hotel zurückgefahren bin und glaubte, dass das bestimmt ein Einzelfall war. Wenn jemand die Ochsentour nach oben gegangen ist, dabei eisige Zeiten erlebt hat – das ist ja auch das Thema dieses Buches – sich manchmal nur mit Glück vor tödlichen Abgründen und versteckten Gletscherspalten retten konnte oder weil ein Mitstreiter ihm die helfende Hand hinstreckte, sich auf die Trittsicherheit anderer und Seilschaften verlassen musste, dann muss er wissen, worauf es ankommt. Dachte ich. Doch es war anders. Warum also gesteht jemand wie dieser Herr seine wahren Motive? Wahrscheinlich weil er stolz darauf ist, dass sie bislang keiner bemerkt hat und ein wahres Wort »unter Gleichen« ja mal ausgesprochen werden kann.

Hat er vergessen, dass er nach der Ankunft auf dem Gipfel ganz bestimmt einst Berge versetzen, Werte schaffen wollte, als er sich im Tal die Stiefel geschnürt hat für den langen Weg nach oben? Die Antwort ist nein. Schlimmer: Er wollte das nie. Ihm ging es immer nur darum, mit möglichst wenig Aufwand und viel Blendwerk so manchen echten Könner, der sich nicht so gut in Szene setzen kann, um Längen hinter sich zu lassen.

Ich weiß, es ist ein Vorurteil, aber ich ertappe mich seither oft dabei, dass ich diese Image-Schablone rauskrame, wenn ich mir ein Bild von einem Manager machen will oder muss. Das Schlimme ist: Auf viele passt sie. Nehmen Sie den Fall des geradezu als genialisch beschriebenen Baumeisters der deutschen Wirtschaft, der einst die Welt AG der drei Hersteller Daimler-Benz, Chrysler und Mitsubishi schuf. Gestartet war er als stolzer Adler, gelandet ist er als Suppenhuhn.

Dieser Typus Macher hat zusammen mit Mister Peanuts, seinem Aufseher im Aufsichtsrat, nicht nur Milliarden vernichtet, sondern, viel schlimmer, Werte verschrottet. Damit meine ich nicht die Werte, die in Geld auszudrücken sind, sondern jene, wovon Unternehmen in Wahrheit leben: Leidenschaft, exzellente Fachkenntnisse und Glaubwürdigkeit. Diese Werte wurden im Fall Daimler Chrysler mit Schmackes gecrasht.

Ist das ein Vorbild? Womöglich, das muss ich einräumen, ist die Frage falsch. Leider sind genau solche Leute Vorbilder – für jene, denen bereits zu Beginn ihrer Laufbahn eingebleut worden ist: Schnell, schnell, du musst der Erste sein, der Zweite ist der erste Verlierer. Damals, als der Mann Chef dieser heute in Trümmern liegenden Welt AG wurde, posaunte er in die Medien sein Credo: »Profit, Profit, Profit!« Klar, der muss her, sonst kann nicht investiert werden. Doch wer sich ausschließlich diesem Ziel verschreibt und deswegen den Kern einer Marke verletzt, ist in großer Gefahr, als Geisterfahrer unterwegs zu sein. Genau das ist im Fall Daimler Chrysler geschehen.

Schwachsinn wie folgender wird auch gerne verbreitet: Der Schnelle frisst den Langsamen. Wie wäre es mit Qualifikation? Mit Können? Ja, mit Leidenschaft? Ich sehe sie oft, jene, zumeist männlich, die im Jet-Tempo durchs Studium gedüst sind, sich danach einen Assistenten-

Posten in einer Vorstandsetage geangelt haben und etwa zwei Jahre später auf eine weitere Verwendung hoffen können. Natürlich auf eine höherwertige – zumeist in einer Branche, von der sie inhaltlich nichts verstehen. Interessant daran ist, dass diese aufstrebenden Führungskräfte ihren ganz persönlichen Gipfelsturm nur für eine Frage der Zeit halten und eine des Networkings, der Seilschaften also.

Und diese Typen gleichen sich häufig wie ein Ei dem anderen. Es wirkt fast so, als wollten sie damit signalisieren: Achtung, die Elite rückt an! Die Insignien des Aufstiegs sind zumeist dunkelblaue oder dunkelgraue Anzüge, ähnliche Kurzhaarfrisuren, ähnliche Aktentaschen sowie der stets griffbereite Zauberkasten Blackberry, an dem sie ständig rumfummeln. Und sie sprechen (wohl absichtlich) in Chiffren. Zum Beispiel von der »permanenten Fluktuationspotenz« oder von der »beschleunigten Data-Base-Strategie«. Keine Ahnung, was das sein könnte. Hört sich aber nur gut an, solange keiner nachfragt. Und das traut sich meist keiner. Man kann schnell auf den Gedanken kommen, dass dieser Nachwuchs aus irgendeinem Elite-Windkanal gepurzelt sein muss – darin wurden ihm Ecken und Kanten abgeschliffen, er ist stromlinienförmig und stramm auf den Aufstieg gebürstet.

Woran orientiert sich der Nachwuchs? Am »Moneymaking«? Am Quartalsergebnis, das seit Beginn der Globalisierungswelle zum Gott erhoben wurde genauso wie das Kostendrücken? Oder am eigenen Karrierefahrplan, der vielleicht schon kurz nach Beginn des Studiums hingeschrieben worden ist? Sie glauben nicht, dass es solche Leute gibt? Ich habe einige kennengelernt, die gar nicht verstehen können, dass es auch Menschen ohne vorgestanzten Lebenslauf gibt.

Einer ist mir noch sehr deutlich in Erinnerung, der genau solch einen Plan in der Tasche hatte. Ihm fehlte jede Leichtigkeit, jede Offenheit, jede Neugier, jeder Teamgeist und auch die Fähigkeit, ein Scheitern zu akzeptieren. Von Leidenschaft zum Thema gar nicht zu reden. Und ihm fehlte auch eine weitere wichtige Facette, die im heutigen Geschäftsleben oft unterschätzt wird: im Team spielen zu können. Stattdessen versuchte er mit einer riesigen Portion Verbissenheit seinen Karriereplan einzuhalten, sich nach oben ans Licht zu wühlen. Dort, wo angeblich ewig die Sonne scheint.

Freude empfand er vielleicht dann, wenn er einen Konkurrenten ausgebremst hatte. So habe ich jedenfalls sein meckerndes Lachen in Erinnerung, wenn er es wieder einmal irgendwem gezeigt zu haben glaubte. Vorbilder? Sind mir unbekannt. Er hatte nur Geld im Sinn, der Kontoauszug war sein Playmate. Ich fragte ihn einmal, was er machen wolle, wenn er nicht wie geplant den nächsten Gehaltssprung mache. Antwort:

»Das wird mir nicht passieren.« Heute arbeitet er bei einer Messegesellschaft in mittlerer Position. Vielleicht schwant ihm inzwischen, dass er sich völlig verkrampft festgebissen hat.

Aus meiner Sicht hat er nicht begriffen, dass die Kunst im Berufsleben auch darin besteht, mit den vielen kleinen Niederlagen umgehen zu lernen – und dabei fröhlich zu bleiben. Ziele? Müssen sein. Kampf? Ja, klar. Ausdauer? Auch, natürlich. Disziplin? Selbstverständlich. Aber Verbissenheit? Nein, niemals. Wer rechtzeitig erkennt, dass er so funktioniert, hat eine Chance zu korrigieren. Wem das nicht gelingt, der dürfte sich bald im Tal wieder finden.

Wo also sind die Vorbilder? Keine Ahnung, bitte melden. Positive Vorbilder sind immer eine Mischung aus Leidenschaft, Können und Glaubwürdigkeit. Das Dumme an negativen Vorbildern wie dem gestürzten Crash-König von Daimler Chrysler ist jedoch, dass sich manche aus der nachrückenden Führungsgeneration sagen: »Ich weiß gar nicht, was ihr wollt, finanziell hat sich der Mann doch saniert.« So werden Egoismus und Eitelkeit, der Welt die eigene ungeheuere Führungspotenz demonstrieren und sie gleich im Rollgriff einnehmen zu wollen, zur Handlungsmaxime erhoben – und letztlich auch noch das Scheitern legitimiert.

Statt handfester Konzepte sind oftmals aufgeblähte, bunte Powerpoint-Präsentationen der Stoff, der so manchen Blender auf die Überholspur gebracht hat und immer wieder bringen wird. Oder: Allein der Mythos der Macht mit seiner teils gefährlichen Anziehungskraft reicht vielen, um daraus das Managementinstrument schlechthin zu machen. Doch in Wahrheit ist oftmals Chaos der zentrale Antrieb. Eine Truppe, die nicht weiß, wohin sie marschieren soll, weil es außer dem Spruch »Wir wollen die Welt aus den Angeln heben« keine klare Ansage gibt. Aber der ach so visionäre Boss geht ja vorne weg und gibt die (unklare) Richtung vor. Auch wenn es die Klippe ist, auf die er zusteuert.

Sie glauben, dass stimmt so nicht? Das sind Einzelfälle? Nehmen sie die vielen Patriarchen von mittelständischen Firmen, deren Starrsinn häufig verhindert, dass der Laden geordnet in jüngere Hände übergehen kann. Streitereien über die Richtung und mangelhafte Führungsqualitäten münden oft in die Zerschlagung des Unternehmens. Oder nehmen wir die zwei »Einzelfälle« Volkswagen und Siemens, der eine mit seiner schlüpfrigen Rotlichtaffäre, der andere mit der nicht minder glitschigen Schmiergeldnummer. Gerade wird versucht, beide Sümpfe trockenzulegen. Genaue Beobachter dieser mühsamen Kleinarbeit können daran Abziehbilder einer speziellen Haltung erkennen: Alles geht, es darf nur nicht auffallen. Pech gehabt. Das sind keine Einzelfälle.

Es gibt natürlich auch positive Beispiele. Viele, die nie in den Schlagzeilen auftauchen. Oder Unternehmen wie Porsche, deren Genesung öffentlich mit zu erleben war. Auch, weil es großen Image-Stellenwert für das Made in Germany besitzt. Ein hemdsärmeliger Chef hat ein Produkt wieder belebt, das schon Kurs auf den Friedhof der Weltmarken genommen zu haben schien. Wie die Rettung ablief? Mit kühler Fehleranalyse, dem Einsatz des Hirns und des Herzens, mit Ausdauer, Zielen und sicher auch einem Schuss Glück. Wendelin Wiedeking, der das geschafft hat, lebt das, was er sagt. Er ist kein Darsteller wie viele, die glauben, man müsse nur das deutsch-englische Berater-Chinesisch auswendig lernen, gut aussehen und mit dem Geschwurbel seine Mitarbeiter überschütten.

Können Darsteller Vorbilder sein? Sicher. Aber nicht lange. Denn Sprache ist verräterisch. Irgendwann stellt irgendwer fest, der Mensch an der Spitze ist völlig ohne Inhalt, ohne Leidenschaft, er ist lediglich ein glänzender Chef-Darsteller, ein Blender, der mutmaßlich diesen Top-Job nur als Sprungbrett für die nächsthöhere Aufgabe verwenden will. Seine Fehler kommen erst ans Licht, wenn der Nachfolger aufräumen muss. Wer als Führungsfigur nur Worthülsen ohne Aussagen oder Ansagen produziert, dem kommen die Mitarbeiter schnell auf die Schliche. Schlimm daran ist, dass dadurch der Glaube an Führung bei den Mitarbeitern verlorengeht. Und natürlich deren Motivation.

Die Berliner Psychologin und Manager-Trainerin Kareen Armbruster hat Führungskräften in punkto Nachwuchs Folgendes ins Stammbuch geschrieben: »Arbeit, die nicht mehr Quelle von Selbstwert- und Kompetenzgefühl ist, wird gemieden.« Das führt, so Armbruster, automatisch zur Dienst-nach-Vorschrift-Haltung. Wesentlich effektiver als Verbote und Kontrollen, mit denen Schlendrian vermieden werden soll, ist es, wenn sich Mitarbeiter mit dem Unternehmen identifizieren und geschätzt fühlen. Armbruster: »Wer gern arbeitet, arbeitet auch fast immer gut.«

Ich habe in dem vorliegenden Buch »Direttissima zum Erfolg« eine Passage gefunden, die ich ganz besonders interessant finde. Sie behandelt das Thema Spitzenleistung. Dort steht (siehe Seite 68), dass Führungskräfte in der Regel mehrere Ziele zugleich zu verfolgen haben und dass man dadurch schnell etwas über die Effektivität und Effizienz eines Managers erfährt. Die beiden Autoren, Hans Kammerlander und Rainer Kurek, sagen, dass so erkennbar wird, ob der Manager für das Unternehmen nicht nur die richtigen Dinge anpackt, sondern auch, ob er sie richtig macht. Diese Formulierung trifft den Nagel auf den Kopf. Und die Analogien vom extremen Höhenbergsteigen zum Automobilmanagement liegen auf der Hand.

Nehmen wir die drei wichtigsten:

- Was beim Autobau das tiefe Vertrauen eines Managers in die Fähigkeiten des Teams ist, ein hochwertiges Produkt zu vernünftigen Kosten erzeugen zu können, ist beim Bergsteiger das Vertrauen in seine Kletterkünste und in die Seilschaft mit anderen Könnern. Man muss sich aufeinander verlassen können.
- Der Automanager muss sein kommendes Modell gut getimt in den Markt einführen. Wenige Wochen zu früh oder zu spät können sich verheerend auswirken. Der Bergsteiger muss die richtige Wetterlage für den Einstieg in die Wand finden. Für beide gilt: Im Handumdrehen können die Bedingungen eisig werden, deshalb ist warme Kleidung von Nöten – beim Manager wohl nur im übertragenen Sinn.
- Um herausragende Resultate zu erzielen, muss der Manager nach dem Start des neuen Modells diszipliniert den Plan abarbeiten, aber trotzdem flexibel auf überraschende Anforderungen des Marktes reagieren. Auf den Bergsteiger übertragen bedeutet das, dass er ein zäher Hund sein muss, der seinen penibel ausgetüftelten Weg mit unbändigem Willen geht, der plötzlich auftretendes ungünstiges Wetter im stabilen Zelt aushält und der überraschende Felsvorsprünge als Herausforderung betrachtet, sie mit seiner Technik zu meistern.

Sie sehen, bei den Beschreibungen für beide Jobs gibt es verblüffende Parallelen, die dieses Buch vielfältig aufzeigt und vertieft.

Nach der Lektüre sind Sie gut gerüstet für die harte Tour.

Harald Kaiser
Ressortleiter Auto/Computer/Technik, stern

Prolog

»Suche nicht andere,
sondern dich selbst zu übertreffen.«
Cicero

Dieses Buch entstand in den Wintermonaten des Jahres 2008 – in einer Zeit, in der bereits eine markante Verschiebung der Machtverhältnisse weg vom technischen Know-how hin zum Kapital erkennbar war. Schon heute ist der Wert der Finanzmärkte etwa dreimal so groß wie der Wert der Realwirtschaft. Und es scheint absehbar, dass die Geldmengen dieser Erde noch weiter wachsen werden und die Inflationsrate ein lange nicht gekanntes Ausmaß annehmen wird.

Diese Entwicklung ist kritisch und wird dazu führen, dass der Wettbewerbsdruck in vielen industriellen Bereichen signifikant zunehmen wird. In besonderem Maße gilt dies für die Automobilbranche, in relativen Größen noch immer einer der bedeutsamsten Wirtschaftszweige unserer modernen, entwickelten Gesellschaft. Hier werden reale und nicht nur virtuelle Leistungen erbracht, entsteht Wertschöpfung im wirtschaftlichen und nicht nur im finanziellen Sinne und wird Neues vor allem in Kunden- und nicht nur in Shareholder Value umgesetzt.

Die gesamte Automobilindustrie, einschließlich des äußerst komplexen Netzes an Zulieferindustrien, ist seit mehr als hundert Jahren in erheblichem Umfang sowohl Initiator als auch Anwender neuester Technologien und damit unmittelbar verantwortlich für echte Sachwerte. Nun aber ist diese Industrie seit geraumer Zeit ins Stocken geraten, zumindest in ihren bisherigen Kernmärkten, wie am Beispiel der amerikanischen Automobilindustrie genauso beobachtet und nachvollzogen werden kann wie an jenen Westeuropas. Die Stammmärkte sind gesättigt, die Branche hat ihre Reifephase erreicht. Die daraus resultierenden Folgen sind zunehmender Wettbewerbsdruck, Wettlauf um Innovationen, Effizienzsteigerungsprogramme sowie Übernahme- und Konzentrationswellen. Für viele Menschen sind diese Mechanismen und Maßnahmen gar nicht mehr nachvollziehbar, so dass es zu einem Vertrauensverlust in die kapitale Marktwirtschaft kommt. Der Imageschaden ist beträchtlich.

Verantwortungsbewusste und vorausschauende Automobilmanager wissen aber mittlerweile, dass es sich bei der aktuellen Marktsituation nicht um einen vorübergehenden Zustand handelt, sondern eine weitere Konsolidierung der Branchenstruktur zu erwarten ist. Trotz des derzeitigen Wirtschaftswachstums stagniert der Inlandsmarkt für Pkw noch immer. Darüber hinaus ist zu erwarten, dass die Zyklen der Konzentration künftig noch unter deutlich verschärfteren Spielregeln stattfinden werden, da neue Mitbewerber – wie der indische Automobilhersteller Tata Motors – sukzessive in die Märkte drängen werden. Da die Automobilindustrie wegen ihrer gesamtwirtschaftlichen Bedeutung maßgeblich am wirtschaftlichen Aufstieg, aber auch am Niedergang von Wirtschaftsräumen beteiligt ist, möchten wir mit diesem Buch einen fundierten Beitrag dazu leisten, möglichen wirtschaftlichen und gesellschaftlichen Schäden vorzubeugen. Damit richtet sich das Buch an all jene, die daran interessiert sind, dass das Wohlstandsniveau in unserer Gesellschaft auch weiterhin in der bestehenden Form erhalten bleibt.

Dynamische Veränderungen und schwierige Umbruchzeiten – wie wir sie derzeit in der Automobilindustrie antreffen – erfordern von den Unternehmen gutes und richtiges Management. Künftige Marktmechanismen frühzeitig zu erkennen, veränderte Marktstrukturen zu verstehen und daraus erfolgreiche Strategien abzuleiten, sind komplexe Aufgaben, von deren professioneller Ausübung die Innovationskraft sowie die effektive und effiziente Nutzung der Ressourcen unserer Gesellschaft abhängt. Denn ohne erfolgreich geführte Unternehmen gibt es keine soziale Marktwirtschaft und ohne soziale Marktwirtschaft keinen Wohlstand.

Uns liegt die Automobilindustrie sehr am Herzen, und zweifelsohne gibt es zahlreiche exzellent und verantwortungsvoll geführte Unternehmen, die klare Strategien verfolgen, auf äußerst erfolgreiche Strukturen verweisen können und über eine gesunde Unternehmenskultur verfügen. In der Regel trifft dies vor allem auf familiengeführte Unternehmen zu, da die Gesellschafter meist mit ihrem eigenen Vermögen haften. Gleichzeitig gibt es aber auch jene Unternehmen, die falsch geführt werden – oftmals getrieben von kurzfristigem Ertragsdenken, vom Druck der Börsen oder persönlichen Karrierezielen angestellter Unternehmenslenker, die infolgedessen von fehlenden Erfolgspotentialen für die Zukunft gekennzeichnet sind. Vielleicht sind die zuletzt genannten Unternehmen in die Falle des Erfolgs getappt und der gefährlichen Versuchung erlegen, sich auf den Lorbeeren der Vergangenheit auszuruhen. Viele Manager aus der Branche, Analysten und Journalisten beklagen genau diese Missstände, und so denken wir, dass es an der Zeit ist, positive Anreize und provokante Anstöße zum Umdenken zu geben. Die wirtschaftspolitischen Schlagzeilen der letzten Monate haben der Glaubwürdigkeit von Kapitalismus und Marktwirtschaft geschadet, so dass wir mit diesem Buch auch einen Beitrag dazu leisten möchten, dass das industrielle Wirkungsgefüge mit all ihren Abhängigkeiten besser verstanden wird.

Genau mit diesem Ziel haben wir uns zusammengetan – der Südtiroler Extrembergsteiger Hans Kammerlander und der deutsche Automobilmanager Rainer Kurek –, um wirksame, in der Praxis erprobte Gesetzmäßigkeiten und Mechanismen aus dem Höhenbergsteigen auf die Automobilindustrie zu übertragen. Nun mag man sich berechtigterweise fragen, warum gerade das Höhenbergsteigen als »Vorbild« für das Management in der Automobilindustrie dienen soll. Schließlich hat mit dem Franzosen Lionel Terray ein Bergsteiger selbst seinen Sport als »die Eroberung des Nutzlosen« bezeichnet. Kann also etwas für die Gesellschaft »Nutzloses« das Maß vorgeben für einen der bedeutsamsten Industriezweige unserer Volkswirtschaft?

Die Antwort heißt eindeutig ja, denn nirgendwo sonst liegen elementare, existentielle Zusammenhänge so auf der Hand wie beim Extrembergsteigen an den höchsten Bergen der Welt. In der direkten, unmittelbaren Konfrontation von Mensch und Natur – wie der Bergsteiger sie permanent erlebt – geht es um wahrhaftige, echte Leistungen. Hier zählen kein Bluff, keine Schaumschlägerei und keine Ablenkungsmanöver. Berechnende Höflichkeit, eigenzentrierte Eitelkeit, gefährliche Maßlosigkeit und substanzlose Oberflächlichkeit spielen keine Rolle, wenn es darum geht, mess- und beurteilbare Leistungen zu erzielen. Und gerade in dieser Hinsicht dient das Höhenbergsteigen als hervorragendes Beispiel für gutes und richtiges Management, nicht nur in der Automobilindustrie. Geprägt von einer Flut von Interessenskonflikten, zuweilen maßloser Selbstüberschätzung, eigener Befindlichkeiten und verantwortungsloser Risikobereitschaft kann sich so mancher Manager ein Beispiel nehmen an der Bescheidenheit, dem Fleiß sowie der Zielorientierung eines erfolgreichen Extrembergsteigers. Denn auch der Weg von der Konzeption bis zum realisierten Unternehmenserfolg ist meist lang und hart und fordert allen Beteiligten viel Arbeit und Energie ab. Ziel des Managements muss es deshalb sein, den jeweils kürzesten, nach Möglichkeit unmittelbaren Weg zu finden – die *»Direttissima«* zum Erfolg.

Und insofern ist der Blick in die Bergwelt genauso spannend und unterhaltsam wie lehrreich. Aus den Erkenntnissen und Erfahrungen des Höhenbergsteigens lassen sich problemlos nachvollziehbare Analogien für das Management in der Automobilindustrie ziehen. Der Leser ist nun eingeladen, die aufgezeigten Analogien auf seinen persönlichen und beruflichen Alltag zu übertragen und dadurch zu einem Umdenken zu gelangen.

Dies setzt allerdings die Bereitschaft voraus, über den Tellerrand hinaus zu blicken, um von anderen zu lernen. Genauso, wie wir es im Rahmen der Manuskriptarbeit getan haben und uns intensiv mit den Visionen, Strategien, Zielen und Erfahrungen im Höhenbergsteigen einerseits und im Automobilmanagement andererseits auseinandergesetzt haben. Denn richtigerweise postuliert der Theologe, Journalist und Buchautor Peter Hahne, dass, wer durch Nachdenken zum Neudenken kommt, auch umdenken kann. Und so sind Denkanstöße von fundamentaler Bedeutung, um die Transformation von unserer Industrie- und Dienstleistungsgesellschaft hin zu einer höher entwickelten Wissensgesellschaft überhaupt realisieren zu können. Diese Transformation ist ein entscheidender Erfolgsfaktor für die hiesige Automobilindustrie, wenn es darum geht, sich gegen fernöstliche Herausforderer zu behaupten und den Wert der Realwirtschaft gegenüber den Finanzmärkten wieder zu erhöhen. Damit ist das Buch auch ein Aufruf in die Verantwortung eines jeden Einzelnen.

Ein Buch stellt in den seltensten Fällen die alleinige Leistung der Autoren dar. Obgleich die Autoren auf dem Cover stehen und selbstverständlich die Inhalte verantworten, so haben in der Regel doch viele direkt oder indirekt zur Entstehung beigetragen. Unser besonderer Dank gilt deshalb Constanze von Nell-Breuning, die in diesem Projekt unsere größte Stütze war und nicht nur das Manuskript in seinen vielfältigen Arbeitsstadien mit uns entwickelte und erstellte, sondern vor allem auch unsere Formulierungen klarer und Argumente schärfer machte. Sie half uns dabei, das Konzept zu erarbeiten, unsere Arbeitshypothesen zu überprüfen, Handlungsempfehlungen präziser zu formulieren und damit den waghalsigen Spagat zwischen dem Höhenbergsteigen und dem Management in der Automobilindustrie zu meistern. Darüber hinaus danken wir Frau Birgit Reifer, die zahlreiche Koordinationsaufgaben übernahm, und Frau Danja Hetjens, die als Leiterin von Frankfurter Allgemeine Buch das Buch gleich selbst betreute und dabei mit großem Engagement viele hilfreiche Anregungen gab. Nicht zuletzt gilt unser Dank auch unseren Familien, die das Buchprojekt jederzeit unterstützten.

Hans Kammerlander und Rainer Kurek
im April 2008

I Von der Vision zur Realisierung

»Nicht weil die Dinge unerreichbar sind, wagen wir sie nicht – weil wir sie nicht wagen, bleiben sie unerreichbar.«
Seneca

Mai 1996 | Mount Everest, 8.846 m (Nepal/Tibet)

Die Aufgabe gestaltet sich nun doch deutlich schwieriger als erwartet. Noch spüre ich sicheren Halt. Die scharfen Steigeisen an meinen Füßen greifen gut. Sie haben perfekt funktioniert und in den vergangenen siebzehn Stunden einen wertvollen Beitrag dazu geleistet, dass der Aufstieg so reibungslos verlief. Und nun soll ich den sicheren Halt also aufgeben, die Steigeisen abnehmen, um meine Spezialski anzuschnallen – auf dem Gipfel des Mount Everest, dem bekanntermaßen höchsten Berg der Erde …

Zu allen Seiten fallen die Flanken steil ab, sehr steil sogar, so dass ich zweifle. Es wäre wohl ein Leichtes, meinen nächtlichen Aufstiegsspuren folgend nun auch wieder relativ sicher abzusteigen. Der Aufstieg war für mich technisch einfacher als erwartet, er verlief glatt und schnell. Und das Wetter an diesem Morgen ist exzellent. Noch zögere ich, hadere mit mir, aber schließlich kann ich mich dazu durchringen, den Tausch der sicheren Steigeisen gegen mein rutschiges Paar Ski vorzunehmen. Es ist einfach nicht das gleiche, ob man auf einem Himalaja-Riesen haltlos dasteht oder auf einem nicht einmal halb so hohen Alpengipfel den Tausch Steigeisen gegen Ski vornimmt. Mein Puls rast. Vorsichtig nehme ich die Steigeisen ab, erst das eine, dann das andere. Ein mulmiges Gefühl kriecht in mir hoch. Während ich meine Steigeisen sorgfältig an einem Karabiner meines Klettergurtes befestige, pocht es in meinem Schädel. Immer wieder schleicht sich die Frage nach dem Warum in meinen Kopf. Warum gebe ich meine Sicherheit auf, um in den nächsten Stunden etwas zu wagen, das vor mir noch keiner geschafft hat? Etwas, dass ich – im Falle des Misslingens – mit dem Leben bezahlen müsste. Muss das jetzt sein, dass ich mir die Ski anschnalle?

Aber für mich gibt es nur eine Antwort: Ja, es muss sein! Schließlich geht es mir darum, eine lang gehegte Vision in die Realität zu überführen. Vision und Realität sollen in den nächsten Stunden deckungsgleich werden. Und die Vision, vom höchsten Berg der Welt mit Skiern abzufahren, habe ich bereits seit der Besteigung meines ersten Achttausenders vor mehr als dreizehn Jahren. Und ich weiß, dass es funktionieren müsste – vorausgesetzt, die Schnee- und Lichtverhältnisse stimmen einigermaßen. Und im Augenblick scheinen sie annähernd optimal zu sein.

Es gilt also »nur« noch, den Knoten in meinem Kopf zu lösen, jenen Knoten, der mich noch immer zweifeln lässt. Alle Konzentration richtet sich darauf, die Spezialbindung der nur 1,50 Meter langen Ski sicher zu schließen. Zigfach trainiert – und hier oben doch ganz anders.

Steilwandabfahrten in der Nordwand des Hochgall in der Riesenfernergruppe oder des Monte Cristallo in den Dolomiten sind gewagte Abenteuer, aber der 8.846 Meter hohe Mount Everest ist doch ein ganz anderes Kaliber. Auf meinen Skiern erscheinen mir die Flanken jetzt noch steiler und noch abweisender, insbesondere die schattige Nordwand, die einen Tiefblick bis in die tibetische Hochebene hinein erlaubt. Mir ist bewusst, dass ein kurzer Ausrutscher oder auch nur die kleinste Unachtsamkeit nicht mehr zu korrigieren wären. Aber mir ist auch bewusst, dass ich nun unmittelbar vor der Umsetzung einer Vision stehe, die sich über lange Zeit hinweg in meinem Kopf verankert hat. Dafür habe ich lange und hart trainiert, immer und immer wieder. Nicht die Besteigung des Gipfels selbst, sondern vielmehr die Skiabfahrt vom höchsten Punkt der Erde ist für mich über die Zeit zur Kernherausforderung geworden. Als vage Vorstellung in meinem Kopf geboren, ist die Idee mehr und mehr zu einer greifbaren Vorstellung und schließlich zu einem konkreten Ziel herangereift, das ich jetzt umsetzen werde. Irgendwie ist es auch ein feierlicher Moment, der sich zwischen die Anspannung mischt.

Aber noch immer zögere ich, noch schießen mir unzählige Fragen durch den Kopf, die die erforderliche Fokussierung auf mein schwieriges Vorhaben erschweren. Wie müde bin ich nach fast siebzehn Stunden ununterbrochenem Aufstieg ohne Sauerstoffgerät tatsächlich? Wie gut ist meine Reaktionsfähigkeit in dieser dünnen Luft, wenn es darauf ankommen sollte? Sind die Lichtverhältnisse in der schattigen Nordwand ausreichend? Erwarten mich gefährliche Schneebretter oder unberechenbare Eisflanken?

Langsam kann ich mich von den lähmenden Fragen ein wenig distanzieren, da ich weiß, was ich will und was ich zu leisten imstande bin. Energisch versuche ich, meinen Verstand dazu zu instrumentalisieren, die Zweifel beiseite zu wischen. Vorsichtig rutsche ich in die Flanke hinein, ganz zaghaft. Noch bin ich nicht gefahren, und ich weiß, wenn ich in den nächsten Sekunden nicht zum Schwung ansetze, werde ich auch nicht mehr fahren.

Alle Sinne sind auf das Äußerste geschärft, jede Zelle meines Körpers weiß, was es nun zu tun gilt. In Gedanken spiele ich die Bewegungsabläufe noch einmal durch und gewinne damit langsam an Sicherheit. Noch ein paar Mal zögere ich, aber dann springe ich – entschlossen im Kopf und leicht zittrig in den Beinen – in die Flanke hinein. Ein unbeschreibliches Gefühl, wahrscheinlich der intensivste Moment in meinem bisherigen Bergsteigerleben.

Wie im Rausch stelle ich triumphierend fest, dass mein Gleichgewichtsgefühl da ist und langsam ein wenig Sicherheit zurückkehrt. Erleichterung! Ein erster wichtiger Schritt bei der Realisierung meiner Vision ist geglückt. Der Schnee ist steinhart, aber er ist Gott sei Dank nicht vereist.

Die messerscharfen Stahlkanten greifen gut und geben mir Halt. Das Gelände ist steil, wobei mir die Steilheit aber durchaus vertraut ist. Nichtsdestotrotz agiere ich höchstkonzentriert, setze jeweils nur einen Sprung für den Richtungswechsel, um unmittelbar danach wieder zu halten, damit ich in der dünnen Luft ausreichend Sauerstoff in meinen Körper pumpen und meine Beinmuskulatur etwas beruhigen kann.

Ohne künstlichen Sauerstoff den Mount Everest im Alleingang zu besteigen ist das eine – und für die allermeisten unter den Höhenbergsteigern sicherlich ambitioniert genug –, doch ohne künstlichen Sauerstoff mit Skiern vom Gipfel abzufahren, ist noch einmal etwas ganz anderes. Das Herz schlägt mir bis zum Hals und pumpt unaufhörlich Blut in meine Adern. Sprung, Pause, Sprung – in diesem Rhythmus geht es die ersten zweihundert Höhenmeter hinunter.

Eiskalter Wind bläst mir ins Gesicht, der sich bei etwa 25 Grad unter Null noch deutlich kälter anfühlt. Der gähnende Abgrund zwingt mich zu äußerster Konzentration, die Anspannung ist gewaltig. Während andere mit dem Erreichen des Gipfels ihren Lebenstraum in der Regel bereits erfüllt sehen, hat für mich das Abenteuer dort oben gerade erst begonnen.

Die neuen, von meinem Ausrüster frisch gewachsten Ski erschweren mir die Abfahrt, da sie bei meinen Querungen enorm beschleunigen. Sicherlich gut gemeint, aber in meiner aktuellen Situation von gravierendem Nachteil. Die Gipfelpyramide des Mount Everest ist nicht überall schneebedeckt, zu steil sind seine Flanken. Deshalb suche ich gezielt nach einschätzbaren Schneebändern und fahre nicht einfach ins »Blaue« hinein.

Entscheidend bei Steilwandabfahrten ist die Kontrolle, die zu jedem Zeitpunkt vorhanden sein muss. Nur etwas zu viel Rückenlage, leichtes Verkanten oder ein unsauber angesetzter Schwung wären fatal, so dass alle Bewegungsabläufe mit äußerster Präzision erfolgen müssen. In der Vorbereitung auf dieses Abenteuer habe ich unendlich viel Zeit dafür aufgewendet, diese Bewegungsabläufe in höchster Genauigkeit zu automatisieren, zuweilen in deutlich steileren Flanken als der Nordwand des Mount Everest. Bereits in früher Jugend suchte ich enge Rinnen in schwierigem Felsgelände auf, um auf engstem Raum meine Technik fortwährend zu verbessern. Dieses anspruchsvolle Training ist das Fundament und die Grundvoraussetzung für meine späteren Steilwandabfahrten an den höchsten Bergen der Welt.

Zweifelsohne gab und gibt es begnadete, exzellente Höhenbergsteiger und Extremalpinisten, bekanntermaßen gibt es auch eine ganze Reihe ordentlich talentierter Skifahrer, die sich auch in steilstem Gelände relativ sicher bewegen können – aber herausragende Höhenbergsteiger mit der Fähigkeit, Steilwände abzufahren, gibt es kaum. Und so war es die gezielte Verknüpfung dieser beiden Kompetenzen, die meine Vision von der Everestabfahrt entstehen ließen. Zwar waren meine Erfahrungen als ehemaliger Skirennläufer, als staatlich geprüfter Skilehrer oder als geübter Steilwandfahrer, der sich auch mal im Helikopter in ausgesetztes Gelände fliegen lässt, von wesentlicher Bedeutung, aber mit dem, was ich hier gerade am Mount Everest vollzog, hatte all das nichts zu tun.

Hier geht es nicht darum, etwas zu probieren und dabei im Extremfall vielleicht sogar einen Sturz in Kauf nehmen zu müssen. Nein, ein Sturz vom Dach der Welt wäre fatal. Im Gegensatz zum Fels- und Eisklettern, wo es möglich ist, eine Wand sukzessive von unten nach oben zu erkunden, ist dies bei einer unbekannten Skiabfahrt nicht möglich. Da man »auf einen Schlag« von oben in eine Flanke hineinfährt, ist es von existentieller Bedeutung, sorgfältig mögliche Linien zu suchen, um Hindernisse und potentielle Gefahrenquellen umfahren zu können. Hierfür ist wiederum das Erfahrungswissen des Höhenbergsteigers nötig, der es gelernt hat, Schneebretter, Schneeeinwehungen oder Blankeisflächen zu erkennen. Die Beobachtung des Geländes ist oftmals schwierig, und obwohl natürlich mögliche Linien im Vorfeld einer solchen Expedition gesucht und theoretisch festgelegt werden, kann sich das Gelände in der Realität völlig anders darstellen. Dies erfordert ein Höchstmaß an Flexibilität und Improvisationsvermögen, und insofern haben Skiabfahrten von den höchsten Bergen der Welt eine ganz andere Qualität als deren Besteigung.

Nachdem ich also die ersten zweihundert Höhenmeter mehr recht als schlecht hinter mich gebracht habe, lässt die Anspannung ein wenig nach. Das Gelände wird auf 8.650 Meter etwas flacher, und auch der Sauerstoffgehalt der Luft nimmt bereits geringfügig zu. Zudem ist es mir mit jedem Schwung besser möglich, meine eigene Leistungsfähigkeit einzuschätzen, was mir am Gipfel noch fehlte. Da oben wusste ich nur eins: dass es bei der Fahrt über die Kante hinweg in die Flanke hinein kein Zurück mehr geben würde.

Insofern spüre ich ein wenig Erleichterung, auch wenn die beiden berüchtigten Steilstufen noch zu überwinden sind. Da mir aber weder der sogenannte »first« noch der sagenumwobene »second step« beim Aufstieg irgendwelche Probleme bereiteten, bin ich zuversichtlich, diese umfahren oder im Extremfall zumindest mit Steigeisen bewältigen zu können. Und so werde ich erst unterhalb dieser beiden Steilstufen wieder mit einem ernsthaften Problem konfrontiert: Schwarze und vereiste Platten versperren mir den Weiterweg in Richtung Great Couloir, das ich im Rahmen meiner Routensuche als veritable Abfahrtsmöglichkeit ausgemacht hatte. Aber nun stellt sich heraus, dass dieses Band viel zu vereist ist, was einen gefährlichen Quergang erforderlich macht.

Leichte Verzweiflung steigt in mir hoch, als ich meine schwierige Lage in dem für mich unbekannten Gelände erkenne. Immer neue Wege zu gehen, oftmals in unberührten Gegenden, erfordert naturgemäß ein enormes Selbstvertrauen. Und so habe ich es im Laufe der Jahre gelernt, nicht direkt in Panik zu verfallen, sondern auch angesichts von Todesgefahr noch klar zu denken und die Situation möglichst nüchtern zu analysieren.

Aber heute funktioniert das nicht so richtig, und so brauche ich eine kleine Ewigkeit, um festzustellen, dass mir wohl nichts anderes übrigbleibt, als die Ski gegen meine Steigeisen zu tauschen. Ein extrem gefährliches Unterfangen, das Minuten dauert, aber schließlich überquere ich mit Steigeisen die riesige schwarze Eisplatte. Dieser Vorgang wiederholte sich nun bis auf eine Höhe von etwa 8.000 Metern noch weitere zwei Mal. Erst dann stoße ich endlich auf eine geschlossene Schneedecke, die mir das genauso lästige wie sehr gefährliche An- und Abschnallen der Ski erspart. Aber die Rutschpartie vom Gipfel bis zum Great Couloir, die Querung der schwarzen Eisplatte, der Tausch von Steigeisen gegen Ski und vor allem der extrem schnelle, siebzehnstündige Aufstieg haben mich enorm viel Kraft gekostet, so dass es mir zunehmend schwer fällt, die volle Konzentration zu behalten. Zwölf Todesopfer hat der »Himmelsgipfel«, Sagarmatha, wie die Nepali und Inder den Mount Everest ehrfurchtsvoll nennen, alleine in diesem Frühjahr bereits gefordert, so dass ich gewarnt bin.

Als ich das Hochlager meiner beiden Sherpas Saila und Lapka erreiche, stärke ich mich mit warmem Tee, und als mir die Freunde vom Kamerateam entgegenkommen, wechsle ich meine inzwischen schon ramponierten Ski gegen etwas längere und vor allem neue Ski. Diese Maßnahme erweist sich schnell als richtig, denn unterhalb von 7.000 Metern erwartet mich das steilste Stück der gesamten Abfahrt. Doch die Anwesenheit meiner Freunde und der warme Tee mobilisieren jetzt meine letzten Energiereserven. Erstmals schießt mir nun durch den Kopf, dass es in der Tat gelingen könnte, die »Göttin Mutter der Erde«, Chomolungma, wie der Everest bei den Tibetern heißt, als Erster mit Skiern abgefahren zu sein.

Noch dazu hatte ich den Gipfel des Mount Everest, auf dem seit 1992 ein Aluminiumdreifuß einer Vermessungsexpedition steht, in exakt 16 Stunden und vierzig Minuten erreicht – fünf Stunden schneller als jemals ein anderer zuvor. Und das ohne Zuhilfenahme von künstlichem Sauerstoff, den ich seit jeher kategorisch ablehne. Als Verfechter von Besteigungen ohne künstlichen Sauerstoff, den ich als »Doping« betrachte, vergleiche ich die Zuhilfenahme mit der Benutzung eines Leichtmotorrades bei der Tour de France. Es gehört zu meinen Prinzipien, alle Besteigungen »by fair means« durchzuführen, und das heißt, weder den Berg mit vielen Fixseilen »in Ketten zu legen« noch künstlichen Sauerstoff einzusetzen.

Mein Alleingang, so wurde mir nun mehr und mehr bewusst, könnte zum größten Erfolg meiner bisherigen Bergsteigerkarriere werden, sofern ich »nur« die verbleibende Abfahrt ins Basislager unbeschadet überstehen würde. Mit jedem Meter werden meine Gedanken etwas klarer, weniger in Watte gepackt, was natürlich in erster Linie auf den zunehmenden Sauerstoffgehalt in der Luft zurückzuführen ist. Ein kleines Steinchen vom Gipfel erinnert mich an die Morgenstunden, ebenso wie die Fotografie des von mir so sehr geschätzten Dalai Lama, die neben tibetischen Gebetsfahnen an dem Aluminiumdreifuß hing. Aber noch habe ich die 2.500 Meter hohe Nordwand nicht bezwungen, und trotz der guten äußeren Bedingungen weiß ich natürlich um die Gefahren, die schon die geringste Unachtsamkeit in diesem ausgesetzten Gelände auslösen würde.

Immer wieder treffe ich auf Teilstücke, die 50 bis 60 Grad Neigung aufweisen und in denen ich aus dem Stand in die entgegengesetzte Richtung springen muss. Dabei berührt meine Hüfte oft den Berg, was die Abfahrt zusätzlich erschwert. Auch das Licht wird nun in den Nachmittagsstunden diffuser, so dass ich froh bin, als ich um 16.30 Uhr endlich das Basislager erreiche. Exakt 23 Stunden und dreißig Minuten sind vergangen, seit ich von hier aufgebrochen bin, wobei die fast siebenstündige Abfahrt ein Erlebnis von einzigartiger Intensität für mich war.

Für diese Stunden lohnt es sich zu leben, das macht mein Dasein als Höhenbergsteiger aus. Ein Fehler, und ich wäre in den Tod gestürzt. Doch aus meiner Sicht lohnt ein Leben nicht, das nur in Angst gelebt wird. Für mich hat jemand, der jeden Schritt sichert, ständig überlegt und dann doch nichts macht, in meinen Augen nicht wirklich gelebt.

Es geht mir darum, meine Ideen umzusetzen und dabei immer wieder aufs Neue Erfolgserlebnisse zu erfahren. Der Tatbestand, dass ich meine Hobbys Bergsteigen und Skifahren zum Beruf machen konnte, ist diesbezüglich natürlich hilfreich, entscheidend ist er nicht. Entscheidender ist vielmehr der Wille, eigene Visionen konsequent zu verfolgen und den richtigen Zeitpunkt zur Umsetzung abzuwarten.

Am Mount Everest scheiterte ich beispielsweise in den Jahren 1989 und 1992, als ich jeweils wegen enormer Neuschneemassen Versuche auf etwa 8.000 Metern abbrechen musste. Aber ich kam wieder. Und so konnte ich schließlich unter traumhaften Bedingungen alle meine Ziele an diesem Berg verwirklichen. Im Hinterkopf wusste ich immer, dass eine Skiabfahrt vom höchsten Berg der Welt funktionieren könnte, und 1996 war endlich das richtige Jahr dazu. Ich bereitete mich nicht nur physisch entsprechend vor, indem ich Kondition und Technik trainierte, sondern vor allem psychisch. Am höchsten Berg der Welt mit Selbstzweifeln umzugehen ist genauso schwierig, wie Motivation und physische Leistungsfähigkeit im Einklang zu halten. Und obwohl Steilwandabfahrten stets hundertprozentige Konzentration voraussetzen, darf man beim Skifahren nicht verkrampfen, sondern muss stets locker bleiben. Darüber hinaus ist es lebensgefährlich, sich in kritischen Situationen selbst verrückt zu machen. Insofern ist der Weg von der Vision zur Realisierung eine Angelegenheit, die oftmals im Kopf entschieden wird und vor allen Dingen ein hohes Maß an Disziplin voraussetzt.

Nur wer konsequent und diszipliniert seine Visionen verfolgt, wird am Ende auch tatsächlich erfolgreich sein. Mut, Kraft und nicht zuletzt die Bereitschaft, die eigenen Ideen auch unter schwierigsten Bedingungen zu verwirklichen, sind dabei von fundamentaler Bedeutung. Dies gilt insbesondere dann, wenn man nicht als Pionier, sondern als einer unter vielen Mitstreitern in einem weitgehend abgegrasten Feld unterwegs ist. Solange der Everest noch unbestiegen war, hatten alle ambitionierten Bergsteiger vor allem diese eine Vision, als Erster auf dem Gipfel zu stehen. Heute ist es schwierig, im Extrembergsteigen eine neue Vision zu entwickeln, doch wer völlig neue, noch nie dagewesene Ideen verwirklichen möchte, braucht eben diese Visionen. Die Skiabfahrt vom Mount Everest war eine solche, die die Strategien meines Handelns fast dreizehn Jahre lang bestimmte.

Mai 1990 | Nanga Parbat, 8.125 m (Pakistan)

Meine Vision, von einem Achttausender nicht zu Fuß abzusteigen, sondern mit Skiern abzufahren, habe ich das erste Mal im Frühjahr 1990 verwirklicht. Als Ziel hatte ich mir damals die Diamirflanke am Nanga Parbat ausgesucht, indem ich die zweithöchste Wand der Erde vom Gipfel aus bis zum viertausend Meter tiefer gelegenen Basislager hinunterfahren wollte.

Nach meinen erfolgreichen Expeditionen zum Cho Oyu (1983), Hidden Peak (Gasherbrum I) und Gasherbrum II (1984), Dhaulagiri (1985), zur Annapurna (1985), dem Makalu und Lhotse (1986) sollte der Nanga Parbat mein achter Achttausender werden. Die Besteigungen dieser Gipfel erfolgten allesamt noch mit Reinhold Messner, so dass der Nanga Parbat – erstmals ohne Messner – auch diesbezüglich eine neue Ära für mich einläuten sollte. Mein Gipfelpartner am Nanga Parbat war der Schweizer Spitzenbergsteiger Diego Wellig, bekannt für seinen Mut, seine Ausdauer, sein Stehvermögen und nicht zuletzt seine Lebensfreude. Darüber hinaus begleiteten uns der Südtiroler Bergführer Wolfgang Thomasset sowie der Schweizer Bergführer Stefan Jossen, die bis auf 7.000 Meter als Kameramänner fungierten und von der Abfahrt einen Film drehen sollten.

Der Nanga Parbat ist der westlichste aller Himalaja-Achttausender und seit Menschengedenken von den Einheimischen genauso gefürchtet wie von den meisten Bergsteigern, die sich an ihm versuchten und versuchen. Bereits im Jahr 1841 hatte ein Bergsturz den Fluss Indus gestaut und ihn zu einem See verwandelt, dessen gewaltige Wassermassen dann bis in die Ebene hinaus alles verwüsteten, was ihnen gerade im Wege war. »Nanga Parbat« – nackter Berg – hat sich als Name gegenüber Diamar, Diamir, Deomir durchgesetzt. In der Szene sprechen manche Bergsteiger einfach nur vom Nanga.

Bereits im Sommer 1895 versuchte Albert Frederick Mummery, damals vierzig Jahre alt, Gerbereibesitzer in Dover und einer der erfolgreichsten Alpinisten seiner Zeit, mit zwei einheimischen Trägern den Gipfel zu erreichen. In der Diamirflanke (Nordwestseite) erreichte er respektable 6.400 Meter und gilt seither als verschollen. Knapp vierzig Jahre später kamen dann die ersten deutschen Alpinisten zum Nanga Parbat, und zwar stets von Norden in die sogenannte Rakhiot-Seite: in den Jahren 1932 und 1934 unter der Führung von Willy Merkl, 1937 dann unter Karl Wien. Allein 1934 starben am Nanga Parbat zehn Männer; der Besteigungsversuch von 1937 forderte gar sechzehn Todesopfer. Fast die gesamte damalige deutsche Bergsteigerelite war am Berg geblieben, was dem Nanga Parbat auch den traurigen Namen »Schicksalsberg der Deutschen« einbrachte.

In der Folgezeit waren Expeditionen des Münchners Paul Bauer und des Kitzbühlers Peter Aufschnaiter genauso zum Scheitern verurteilt wie der Besteigungsversuch eines englischen Teams im Winter 1950. Insgesamt starben zwischen 1895 und 1953 einunddreißig Höhenbergsteiger am Nanga Parbat.

Erst am 3. Juli 1953 erreichte schließlich Hermann Buhl, zu diesem Zeitpunkt gerade mal 29 Jahre alt, unter dramatischen Bedingungen den Gipfel. Als Mitglied der deutsch-österreichischen »Willy-Merkl-Gedächtnis-Expedition«, die unter der Leitung des Münchner Arztes Karl Maria Herrligkoffer, eines Stiefbruders von Willy Merkl, durchgeführt wurde, bewältigte der Innsbrucker Extrembergsteiger die letzten 1.300 Höhenmeter und eine Entfernung von mehr als 6 Kilometern Luftlinie in einem spektakulären Alleingang. Diese beeindruckende Leistung, unter Berücksichtigung der damaligen Ausrüstung und schwierigster Bedingungen, gilt bis heute als eine der größten Leistungen im Himalaja-Bergsteigen überhaupt.

Zum Vergleich: Maurice Herzog und Luis Lachenal mussten bei ihrer Erstbesteigung der Annapurna am 3. Juni 1950 als Gipfelseilschaft vom höchsten Lager aus 680 Höhenmeter bewältigen, Sir Edmund Hillary und der Sherpa Tensing Norgay im Rahmen ihrer Mount Everest-Erstbesteigung am 29. Mai 1953 lediglich 360 Höhenmeter. Das heißt, dass für 1.300 Höhenmeter im Gipfelbereich üblicherweise noch mindestens zwei Lager hätten eingerichtet werden müssen, auf die Hermann Buhl verzichten musste.

Beim Abstieg erlitt Hermann Buhl dann aber schwere Erfrierungen beim nächtlichen Biwak, was ihn jedoch nicht davon abhielt, am 9. Juni 1957 eine weitere Erstbesteigung an einem Achttausender zu realisieren, als er den Broad Peak im Rahmen einer vierköpfigen Karakorum-Expedition des österreichischen Alpenvereins erfolgreich bezwang.[1]

Unsere Expedition sollte hoffentlich weitaus weniger dramatisch verlaufen, wobei aber die geplante Skiabfahrt durch die Diamirflanke ebenfalls ein überaus anspruchsvolles Ziel darstellte. Da wir uns bewusst waren, dass bislang noch nicht einmal ein Drittel der Expeditionen den Gipfel des Nanga Parbat erreichen konnte und auch in diesem Frühjahr 1990 noch kein Besteigungsversuch erfolgreich verlaufen war, näherten wir uns der riesigen Diamirflanke mit größtem Respekt, nicht zuletzt auch deshalb, da immer wieder gewaltige Lawinen vom Berg ins Tal krachten.

1 Vgl. Trenker, L. / Dumler, H.: Die höchsten Berge der Welt, 1974, S. 75f.

Der neunthöchste Berg der Erde gehört schon aufgrund seiner geradezu majestätischen Erscheinung zweifelsohne zu den begehrtesten Gipfeln des Himalaja. Mit seiner 4.500 Meter hohen Rupalflanke, die Reinhold Messner mit seinem Bruder Günther das erste Mal im Jahr 1970 durchstieg, und der 4.000 Meter hohen Diamirflanke verfügt der Nanga Parbat über die beiden höchsten Eis- und Felswände der Erde. Schon der bekannte Geograph und Bergsteiger Richard Finsterwalder zeigte sich bei der Vermessung des Berges im Jahr 1934 tief beeindruckt: *»7.000 Höhenmeter liegen zwischen dem eisstarrenden Nanga-Gipfel und dem Indus, der am Fuße des Nanga seine trüben Fluten tosend dahinwälzt. – Wohl wenige Stellen der Erde gibt es, wo sich die Natur dem Menschen so großartig und vielseitig zeigt und ihm so viel von ihren Geheimnissen und Wundern aufschließt.«*[2]

Und in der Tat stellte schon unser Basislager auf der sogenannten »Märchenwiese« einen großartigen Ausgangspunkt für die Expedition dar. Sattgrüne Wiesen und eine überwältigende Blütenfülle sorgten für eine gänzlich andere Szenerie als die üblicherweise in Basislagern grauen Gletschermoränen.

Nachdem wir schon bald auf 4.500 Metern und 6.100 Metern zwei Lager errichtet und uns auf diese Weise auch ganz gut akklimatisiert hatten, wollten wir in einer Blitzaktion die Diamirflanke durchsteigen, um im Anschluss vom Gipfel aus bis zum Basislager mit unseren Skiern abzufahren. Wir bauten also ganz klar auf Schnelligkeit, denn Schnelligkeit bedeutete für uns gleichzeitig Sicherheit. Wir wollten möglichst wenig Zeit in den steilen Lawinenhängen des Nanga Parbat verbringen, und so zogen wir konsequenterweise auch mit extrem wenig Gewicht los.

Wie geplant erreichten wir am ersten und zweiten Tag unsere vorab eingerichteten Lager, um schließlich am dritten Tag auf etwa 7.000 Metern ein weiteres Mal zu biwakieren. Von dort stiegen Diego und ich dann – nachdem wir uns von Wolfgang und Stefan verabschiedet hatten – am vierten Tag weiter in Richtung Südgipfel, wobei wir die klassische »Kinshofer«-Route nun verließen, die uns aufgrund der gegebenen Schneeverhältnisse extrem lawinengefährdet erschien.

Der Aufstieg wurde jetzt zunehmend kraftraubender, da wir bei reduziertem Sauerstoffgehalt in der Luft auch noch mit hüfthohem Schnee zu kämpfen hatten. Die Ski erwiesen sich anfangs als wertvolle Aufstiegshilfe, da die Spurarbeit mit ihnen doch erheblich erleichtert wurde. Das leicht ansteigende Plateau zur etwa 1.000 Meter hohen Gipfelwand konnte ich auf Skiern zurücklegen, wodurch ich Kraft sparen konnte. Bedauerlicherweise hatte Diego seine Steigfelle im Basislager

2 Vgl. Messner, R.: Der nackte Berg, 2003, S. 17.

vergessen, was ihm enorm viel Kraft raubte, so dass er sich schließlich in der Gipfelwand dazu entschied, den etwas niedrigeren Südgipfel zu besteigen, während ich über eine schier endlos scheinende Querung zum Hauptgipfel weiterzog.

Um 13 Uhr Ortszeit erreichte ich schließlich den Gipfel. Nachdem ich ein wenig gerastet und mit dem Selbstauslöser ein paar Fotos gemacht hatte, querte ich auf meinen Skiern zurück zum Südgipfel, um von dort in die Diamirflanke einzufahren.

Diego, den ich mittlerweile wiedergetroffen hatte, schaute mich an der Kante genauso fragend an wie ich ihn, als wir die 50-Grad-Neigung sahen, die es nun auf unseren rutschigen Brettern zu bewältigen galt. Etwas mehr als 3.000 Meter konnten wir in die Tiefe blicken, und unsere Anspannung war kaum mehr zu ertragen. Im ersten Schritt wartete eine etwa 1.000 Meter tiefe und äußerst steile Rinne auf uns, im oberen Bereich noch nicht einmal zehn Meter breit.

Obwohl ich wusste, dass ich im Rahmen meiner umfangreichen Vorbereitungen zu dieser Expedition noch deutlich steilere Abfahrten durchgeführt hatte, konnte ich mich minutenlang nicht zu einem ersten Drehsprung überwinden. Zwar hatte ich zu jedem Zeitpunkt daran geglaubt, dass ich das Risiko letztendlich eingehen würde, doch nun konnte ich mich nicht dazu durchringen, meinen sicheren Stand aufzugeben, um ins Ungewisse hineinzuspringen. Trotz der harten Trainingsstunden im vergangenen Winter, trotz der zahllosen Tests mit den speziell angefertigten Skiern im heimischen Südtirol und trotz meiner ersten, aber begrenzten Erfahrungen mit meinen Brettern am Makalu, den ich 1986 mit Reinhold Messner und Friedl Mutschlechner bestieg, zauderte und zögerte ich. Nicht einmal der Tatbestand, dass ich quasi auf Skiern aufgewachsen war, dass Skifahren mein erstes Hobby war – das ich später sogar zum Beruf machen konnte –, auch nicht die Tatsache, dass ich schon unzählige Skitouren durchgeführt und Skirennen bestritten hatte, nichts von alledem vermochte mich in diesem Augenblick zu beruhigen. Ich sah mich mit einer völlig neuen, ungewohnt beängstigenden Situation konfrontiert.

Zwar wusste ich, dass meine Steigeisen als letzter Rettungsanker an meinem Klettergurt hingen, aber das war nicht mein Plan. Zu lange hatte ich auf diesen einen Moment gewartet, zeitweise sogar mein Lauf- und Konditionstraining vernachlässigt, um immer wieder Steilwandabfahrten zu trainieren, und so sprach ich mir bewusst Mut zu. Natürlich war der Nanga Parbat nicht unser Skigebiet Speikboden, aber immerhin erschienen die Verhältnisse an diesem Tag für eine Abfahrt geeignet. Mit allem Nachdruck hämmerte ich all die Argumente in mein Hirn, die für eine Abfahrt sprachen. Und endlich folgte mein Körper dem Diktat des Kopfes: Ich setzte zum ersten Sprung an!

Diego und mir war völlig klar, dass wir uns ganz nah am Limit bewegten, doch wir wussten nun auch, dass unser Vorhaben grundsätzlich möglich sein sollte. Als ich nach meinem dritten Drehsprung landete und meine Sinne für einen Moment von der Erleichterung, es endlich gewagt zu haben, berauscht schienen, gab es plötzlich einen dumpfen Schlag, der augenblicklich das Blut in meinen Adern gefrieren ließ. Es sah aus, als würde sich direkt vor meinen Augen eine riesige Spalte öffnen. Oberhalb der Abrissstelle blieb zum Glück alles fest, aber unterhalb gerieten die Schneemassen augenblicklich in Bewegung. Da ich mich unmittelbar auf der Abrisskante befand, rutschte mein Talski plötzlich über die Kante weg und drohte mich mit in die Tiefe zu reißen. Aber irgendwie gelang es mir, mein Gewicht zu verlagern, so dass ich den Ski gerade noch hochziehen konnte, ohne das Gleichgewicht zu verlieren und mit den Schneemassen in die Tiefe zu stürzen.

Selten hatte ich wohl so viel Adrenalin im Blut wie in diesem Moment. In den nächsten Minuten spielte sich direkt unter uns ein fürchterliches Inferno ab, das gleichermaßen beängstigend wie beeindruckend war. Hätte ich es nicht aus der ersten Reihe und live miterleben müssen, so wäre die Szenerie wahrscheinlich ein ergreifend schönes Mahnmal für die unglaubliche Kraft der Natur gewesen. Meter für Meter geriet mehr Schnee in Bewegung, und mit immer höherer Geschwindigkeit jagte die Lawine die enge Halbröhre hinab. Es entstand eine gewaltige weiße Wolke, die mit bedrohlichem Donnern in die Tiefe Richtung Wandfuß raste.[3]

Schon häufiger waren in der Vergangenheit mächtige Lawinen auf mich zugerast, aber dieses Szenario war mir neu. Kreidebleich und bis ins Mark erschüttert standen Diego und ich in der Flanke und konnten das Geschehen kaum fassen. Wir wurden auf das Eindringlichste mit einer Gefahr konfrontiert, um die wir zwar wussten, uns aber nicht vorstellen konnten, welch gewaltige Auswirkungen die Verschiebung eines Schneebrettes haben könnte. Das zusammenhängende Schneeband in der Diamirflanke hat einerseits den Vorteil, dass man von oben bis unten mit Skiern abfahren kann, andererseits aber auch den Nachteil, dass die Lawinengefahr enorm hoch ist. In diesen Augenblicken wurde mir noch klarer, weshalb der »Schicksalsberg der Deutschen« auch noch den wenig schmeichelhaften Beinamen »Mörderberg« trägt.

Nachdem wir uns den Schrecken einigermaßen aus den Gliedern geschüttelt hatten, versuchten wir, noch vorsichtiger und ehrfurchts-

3 Vgl. Kammerlander, H.: Bergsüchtig, 1999.

voller die Halbröhre hinunterzufahren. Die Abfahrt gestaltete sich in der Folge noch anstrengender und nervenaufreibender als der Aufstieg durch großes, kombiniertes Gelände. Immer wieder blickten wir zurück zur Abrisskante der Lawine und mussten mehr und mehr erkennen, welches Glück wir gehabt hatten. Außerdem wurde uns klar, wie kühn unser Plan tatsächlich war. Es sind nun einmal zwei grundverschiedene Dinge, ob man Ski nur als Aufstiegshilfe mitnimmt und gelegentlich vielleicht auch Teilstücke abfährt, oder ob man eine Wand von der Dimension der Diamirflanke von oben bis unten auf Skiern bewältigt. Im Stillen musste ich mir eingestehen, dass es ein Trugschluss war zu glauben, dass man auf Skiern aus Gefahrenzonen viel schneller flüchten könnte. Im Gegenteil: In derart anspruchsvollem und ausgesetztem Gelände auf großer Höhe kann man sich einfach nicht beliebig schnell auf Skiern bewegen.

Doch andererseits stellte ich auch fest, dass das Erlebnis einer Skiabfahrt für mich doppelt so intensiv war wie ein Abstieg zu Fuß. Und damit hatte sich meine ursprüngliche Annahme bestätigt, dass Skiabfahrten von den höchsten Bergen der Welt einzigartige Abenteuer darstellen würden.

Fraglos ist es dabei entscheidend, potentielle Gefahren wie Schneebretter, Blankeisflächen oder Schneeeinwehungen in Rinnen zu erkennen. Insofern ist es natürlich wesentlich, bereits beim Aufstieg die Abfahrtsbedingungen und die Schneebeschaffenheit sorgfältig zu erkunden, um Negativerfahrungen bei der Abfahrt schon im Vorfeld nach Möglichkeit auszuschließen.

Nachdem Diego und ich auf 6.100 Metern noch einmal biwakierten, fuhren wir am nächsten Tag auf unseren Skiern bis ins Basislager ab. Für mich ging damit ein langgehegter Wunsch in Erfüllung.

Visionen realisieren

Im Rahmen meiner Expedition zum Nanga Parbat konnte ich erstmals meine Fähigkeiten im Höhenbergsteigen mit jenen im Steilwand-Skifahren gezielt miteinander verknüpfen. Meine Vision, den Mount Everest mit Skiern abzufahren, hatte dadurch eine konkretere Form erhalten.

Die große Herausforderung, etwas noch nie Dagewesenes zu tun, hatte mich fortwährend angetrieben, die Idee auch tatsächlich in die Realität umzusetzen. Wer extrem schwierige Ziele erreichen will, muss konsequent daran arbeiten und seine Vision schrittweise weiterentwickeln und konkretisieren. Dies erfordert zweifellos ein hohes Maß an Disziplin, Ausdauer und ein sukzessives Herantasten an immer neue Grenzen. Selbstzweifel gehören dazu. Selbstzweifel sind aber auch ein wesentlicher Faktor, wenn es darum geht, substantielle Erfahrungen zu sammeln. Und nur über werthaltiges Erfahrungswissen können die eigenen Grenzen immer ein Stück weiter hinausgeschoben werden.

Nicht anders ging ich bei der Realisierung der beschriebenen Expeditionen vor: Erst die geglückte Skiabfahrt vom Nanga Parbat befähigte mich dazu, letztendlich auch meine Vision am Mount Everest verwirklichen zu können. Gewissermaßen hatte ich am Nanga Parbat den Grundstein gelegt, um schließlich sechs Jahre später vom höchsten Berg der Erde mit Skiern abzufahren und mein Ziel zu vollenden.

Visionen in der Automobilindustrie – eine Standortbestimmung

Hans Kammerlanders Ausführungen zu seinen einzigartigen Steilwandabfahrten vom Nanga Parbat und Mount Everest dokumentieren auf sehr anschauliche Weise seinen eigenen Weg von der Vision zur Realisierung. Betrachtet man den Prozess, wie der Visionär Kammerlander aus den eigenen Zukunftsvorstellungen einmalige Abenteuer macht, so zeigt sich eine ganze Reihe von Aspekten, die auch relevant sind, wenn es darum geht, unternehmerische Visionen in die Praxis umzusetzen. Im Kern lassen sich diese Aspekte wie folgt zusammenfassen:

1. Kreativität ist nur der Ausgangspunkt einer Vision, aber nicht das Wichtigste. Von einer Vision spricht der Südtiroler Extrembergsteiger erst, als seine Idee zur klaren Mission und schließlich zum konkreten Ziel geworden ist.
2. Dieses Ziel verfolgt er über Jahre hinweg mit einem enormen Durchhaltevermögen, eiserner Disziplin und äußerster Konsequenz.
3. Äußerste Konsequenz zeichnet ihn vor allen Dingen auch dann aus, wenn er Rückschläge in Kauf nehmen muss (z.B. gescheiterte Expeditionen am Mount Everest in den Jahren 1989 und 1992) oder wenn er mit unüberwindbar erscheinenden Barrieren konfrontiert wird (z.B. Abbruch eines Schneebretts am Nanga Parbat bzw. eine zu querende Blankeisfläche am Mount Everest).
4. Barrieren dieser Art überwindet der Ausnahmebergsteiger Kammerlander, indem er sich auf die Umsetzung seiner Vision stets voll kon-

zentriert, fokussiert und sie schließlich mit der erforderlichen Improvisationsbereitschaft, Mut, Kraft und Entschlossenheit umsetzt.

5. Die Realisierung der Vision, von den höchsten Bergen der Welt mit Skiern abzufahren, erfordert natürlich ein hohes Maß an Risikobereitschaft (vgl. Kapitel III: Risikomanagement), aber Kammerlanders bergsteigerisches und skifahrerisches Können, sein fundiertes Erfahrungswissen aus bisherigen Expeditionen, sein Selbstvertrauen und nicht zuletzt die richtige Einschätzung seiner Fähigkeiten lassen ihn dieses Wagnis bewusst eingehen.

6. Und dieses Wagnis kann er nur deshalb eingehen, weil er seine Fähigkeiten im Höhenbergsteigen und im Rahmen von Steilwandabfahrten schrittweise ausbauen konnte, bis er schließlich in der Lage war, seine Ziele auch in die Tat umzusetzen.

Heute ist es nicht mehr so einfach wie noch in den 40er und 50er Jahren des letzten Jahrhunderts, neue Ideen im Extrembergsteigen zu entwickeln. Alle vierzehn Achttausender sind mittlerweile bestiegen, viele spektakuläre Routen, Alleingänge und Erstbegehungen wurden bereits realisiert. Reinhold Messner analysiert den Wandel im Höhenbergsteigen so: »Gestern, in der Eroberungsphase des Bergsteigens, war der Gipfel ›das Maß aller Dinge‹. Heute, im Umbruch zum Wettkampfalpinismus, ist es für die einen die Rangliste der Besten, für die anderen die Verwirklichung einer verrückten Idee. Morgen muss sich die junge Elite schon kühne Umwege ausdenken, wenn sie ihr Maß finden will.«[4] Mit anderen Worten: »Der Markt« ist gesättigt. Wer aber unvergleichlichen Erfolg anstrebt, muss unter den gegebenen Bedingungen Visionen konzipieren, entwickeln und umsetzen können.

In einer vergleichbaren Situation befinden sich derzeit auch die meisten Führungskräfte der Automobilindustrie, da es sich bei dieser Branche ebenfalls um einen gesättigten Markt handelt und sich Wachstumsstrategien zumindest in der Triade (Europa, Nordamerika, Japan) nur mehr schwer verwirklichen lassen.

Globalisierung und neue Märkte in fernen Regionen, Modelloffensiven, Variantenvielfalt und Wettlauf um Innovationen, gestiegene Kundenbedürfnisse und eine stetig zunehmende technische sowie organisatorische Komplexität sind nur einige jener Turbulenzfaktoren, die unmittelbar aus der Marktsättigung resultieren und denen sich heute alle Unternehmen der Automobilindustrie stellen müssen. Allen voran stehen die amerikanischen und europäischen Automobilhersteller vor großen Herausforderungen, um sich gegen fernöstliche Wettbewerber

4 Vgl. Kammerlander, H.: Abstieg zum Erfolg, 2000.

wie Toyota, Honda, Hyundai, Kia, Brilliance, Landwind und andere erfolgreich behaupten zu können. Die verfügbaren Ressourcen an Zeit und Geld werden bei allen westlichen Automobilherstellern kontinuierlich knapper – eine extrem schwierige Ausgangslage, um auch künftig international wettbewerbsfähige Fahrzeuge entwickeln und realisieren zu können.

Was also sind die zentralen Herausforderungen, die es heute in der Branche zu beherrschen gilt? Wie können Visionen entwickelt und realisiert werden, um wiederum einen wettbewerbsfähigen Vorsprung herstellen zu können?

Zu Recht galt die europäische Automobilindustrie jahrzehntelang als Wirtschaftstreiber. Europäische Fahrzeuge setzten Maßstäbe in punkto Technik, Qualität und Zuverlässigkeit. Doch mehr und mehr zeichnet sich ab, dass europäische Autos diesem Ruf nicht mehr in allen Belangen entsprechen können. Die schwindende Nachfrage in den Stammmärkten, eine kontinuierliche Zunahme an Rückrufaktionen aufgrund von Qualitätsproblemen und eine deutliche Reduzierung der Ertragskraft in der Zulieferpyramide der Automobilindustrie sind alarmierende Indikatoren für diesen Trend. Daran ändern auch die durchaus erfolgreichen Exportzahlen der letzten Jahre nichts, da es nur eine Frage der Zeit ist, bis die aufstrebenden Automobilhersteller der sogenannten »Emerging Regions« ihre »Homemarkets« deutlich umfassender bedienen werden als heute. Erste Erfolge in diese Richtung lassen sich beispielsweise für den indischen Automobilhersteller Tata Motors beobachten, der im Januar 2008 einen 1.700-Euro-Pkw vorstellte, der großes Aufsehen in der Weltöffentlichkeit erregte.

Den hohen Erfolgsdruck, der auf der Branche lastet, bekommen aber nicht nur die Automobilhersteller (Original Equipment Manufacturer = OEMs), sondern selbstverständlich auch alle nachgelagerten Unternehmen der Zulieferpyramide mehr und mehr zu spüren. Als Folge des verschärften Wettbewerbs verändern sich die Strukturen der Branche gravierend. Die Sättigung in den bisherigen Stammmärkten Europa, Nordamerika und Japan, das Nicht-Erreichen von branchenüblichen Break-evens bei verschiedenen Modellen sowie weitere Zyklen der Wettbewerbskonzentration zur Konsolidierung der Branchenstruktur kennzeichnen derzeit die Automobilindustrie.

Nun gilt es, neue Wege zu finden, um das technische und wirtschaftliche Risiko bei neuen Fahrzeugprojekten zu reduzieren. Und so übertragen beispielsweise die Automobilhersteller heute immer weniger Entwicklungsaufgaben an Entwicklungsdienstleister, sondern vermehrt an Bauteilzulieferer, die ihre Entwicklungskosten über die gelieferten Bauteile selbst amortisieren müssen. Da die Automobilhersteller ihre Produktpaletten künftig noch weiter ausbauen und die alten, auf große Stückzahlen angelegten Entwicklungs- und Fertigungskonzepte sich zusehends reduzieren werden, wird der eingeschlagene Weg auch die Zukunft der europäischen Automobilindustrie bestimmen. Längst ist bekannt, dass Veränderungen in den Industriestrukturen reifer Branchen nach vergleichbaren, immer wiederkehrenden Mustern verlaufen. Deshalb ist diese Entwicklung nicht überraschend – im Gegenteil, sie kann in anderen, bereits gesättigten Branchen sorgfältig studiert und Analogien gezielt abgeleitet werden. Das Studium der Auslöser sowie der Gewinner- und Verliererstrategien in anderen reifen Branchen liefert wertvolle Lernerfahrungen für die aktuelle Situation der Automobilindustrie.

Gewinner waren in bereits gesättigten Branchen in der Regel jene Unternehmungen, die durch sogenannte »Radikalinnovationen« ein neues Turnier im Markt eröffnen konnten. Denn schwindende Nachfrage in »Declining Markets« ausschließlich durch eine Spielverlagerung in neue Märkte zu kompensieren, hat in der Geschichte der kapitalen Marktwirtschaft immer nur zu kurzfristigen Erfolgen geführt. Insofern ist beispielsweise der Hybridantrieb von Toyota ein nachvollziehbares Beispiel dafür, dass Innovationsstrategien spielentscheidend sein können. Und diese setzen klare Visionen voraus.

Der Zeit- und Preisdruck, unter dem die Automobilhersteller heute in fast allen Fahrzeugsegmenten stehen, wird ungefiltert an die Zulieferindustrie (System-, Komponenten- und Bauteilzulieferer) weitergegeben. Dies hat zur Folge, dass in der jüngsten Vergangenheit bereits zahlreiche renommierte Zulieferunternehmen aus dem Markt ausgeschieden sind – und es ist absehbar, dass sich dieses Ausscheidungsturnier noch deutlich verschärfen wird. Die Zyklen der Konzentration werden künftig jedoch unter verschärften Spielregeln stattfinden. Davon betroffen sind insbesondere jene Zulieferer, die für technisch einfache Produkte und Dienstleistungen stehen, welche irgendwo auf der Welt – egal, ob in Osteuropa, China, Indien oder Lateinamerika – wesentlich günstiger realisiert werden können. Die Globalisierung in allen internationalen Märkten führt zu einer neuen, erweiterten Phase des Outsourcings, da sich das Qualifikationsprofil der Unternehmen in diesen Staaten kontinuierlich verbessert und damit der Wettbewerbsdruck in den bisherigen Märkten stetig erhöht wird.

Dieses Phänomen gilt in analoger Weise auch für das Höhenbergsteigen. Die Anzahl hochqualifizierter Spitzenbergsteiger hat in den letzten Jahren fortwährend zugenommen. Spätestens seit dem Zeitpunkt, als es auch kleinen Expeditionen möglich wurde, sich an den höchsten Bergen der Welt zu versuchen, ist das Himalaja zu einem Ort geworden, an dem immer neue Rekorde und Spitzenleistungen realisiert wurden und werden. Die Anzahl der Marktteilnehmer – das heißt in diesem Fall der Spitzenbergsteiger – hat in den letzten Jahren deutlich zugenommen, das Marktvolumen – in diesem Fall die Anzahl der erstrebenswerten Routen und Gipfel – ist aber selbstverständlich gleich geblieben. Viele Problemstellungen an den höchsten Bergen der Welt wurden bereits gelöst. Genauso wie die Automobilbranche hat also auch das Höhenbergsteigen schon vor geraumer Zeit seine »Reifephase« erreicht. Um Innovationen realisieren zu können, die nicht als selbstverständlich wahrgenommen werden, ist es nun erforderlich, gänzlich neue Wege zu beschreiten. Hans Kammerlander hat dies getan, indem er seine Kernkompetenzen »Höhenbergsteigen« und »Steilwandabfahrten« gezielt miteinander verknüpfte. Erst so konnte er eine neuartige Spitzenleistung erbringen, die als solche wahrgenommen wurde und die ihn klar von anderen erfolgreichen Höhenbergsteigern differenziert.

Vor der gleichen Aufgabe steht im übertragenen Sinn auch die Automobilindustrie: Ideen und Lösungen, die künftig erfolgreich sein werden, sind vor allem jene, die von besonders innovativen Unternehmen entwickelt und umgesetzt werden. Unternehmen, die durchschnittliche und vergleichbare Leistungen erbringen, haben im internationalen Wettbewerb mittel- bis langfristig kaum mehr Überlebenschancen. Nur jene, die ihr fundiertes Erfahrungswissen nutzen – man spricht in der Industrie von substantieller »Brainware« – und über die entsprechende Innovationsfähigkeit verfügen, werden künftig als strategische Partner der Automobilhersteller fungieren können.

Strategische Partner der Automobilhersteller werden verstärkt auch jene Zulieferer sein, die über ein übergreifendes Fahrzeugverständnis verfügen, Entwicklungsverantwortung übernehmen und dabei kontinuierlich ihre Kompetenzen bis hin zur vielzitierten Gesamtfahrzeugfähigkeit ausbauen. Denn die Integration von neuen Funktionen in ein Fahrzeug kann ausschließlich über eine systemische, ganzheitliche Betrachtung des Automobils erfolgen. Nur so kann sichergestellt werden, dass die Autos der Zukunft in ihrem Gesamtkonzept auch den Bedürfnissen des Endverbrauchers entsprechen.

Zur Belebung der ungenügenden Absatzzahlen in ihren bisherigen Stammmärkten weiten die Automobilhersteller nicht nur die Anzahl ihrer Modelle und Varianten aus, sie arbeiten auch verstärkt an neuen emotionalisierenden, klaren Markenbotschaften und immer neuen Leistungsmerkmalen, um ihre Produkte zu individualisieren. »Differenzierung« lautet die Devise, um potentielle Kunden wieder zum Kauf europäischer Autos zu bewegen.

Ziel der Hersteller und Zulieferer muss es allerdings sein, sich nicht zu sehr von den technischen Fähigkeiten und der Kreativität ihrer Entwicklungsingenieure leiten zu lassen. »Ingenieure entwickeln Autos für Ingenieure« muss nicht unbedingt im Sinne des Endverbrauchers sein und damit nicht in jedem Fall zum Wohl des eigenen Unternehmens. Denn nicht die Anzahl an Produkt-Features ist letztendlich kaufentscheidend, sondern Leistungsmerkmale, die im Betrieb eines Autos für den Kunden nutzbringend und wahrnehmbar sind. Welcher Kunde kann beispielsweise schon im Normalfall zwischen einem gut abgestimmten mechanischen Fahrwerk und einem elektronisch unterstützten, dafür aber deutlich komplexeren und nicht selten teureren Fahrwerk unterscheiden? Viele der neuen technischen Lösungen stiften aus Kundensicht keinen signifikanten Mehrwert, machen die Autos aber teurer und erhöhen zudem das Risiko von technischen Ausfällen und daraus folgenden hohen Qualitätskosten.

Im internationalen Wettbewerb ist es daher zum entscheidenden Erfolgsfaktor geworden, wahre Kundenbedürfnisse zu identifizieren und darauf die passenden Antworten zu finden. Diese Kundenbedürfnisse können lokal unterschiedlich sein. In hart umkämpften Märkten kommt es folglich primär darauf an, Neuerungen mit einem deutlich wahrnehmbaren Kundennutzen anzubieten und so echte Kaufanreize zu schaffen. Um Neuerungen mit einem deutlich wahrnehmbaren Kundennutzen anbieten zu können, braucht man Visionen. »Mehrwert«-Strategien, die der Kunde als selbstverständlich wahrnimmt, helfen nicht, um zusätzliche Kaufanreize zu schaffen. Klare Differenzierungsmerkmale sind erfolgsentscheidend.

Genauso verhält es sich beim Höhenbergsteigen: Nachdem Hans Kammerlander mit Reinhold Messner dessen 14. und somit letzten Achttausender erfolgreich bestiegen hatte, suchte er gezielt nach einer neuen Variante bei der Besteigung eines Himalaja-Riesen. Diese fand er in der Kombination aus »Blitzbesteigung« und »Steilwandabfahrt«. Mit dieser Verknüpfung unterschied er sich wesentlich von allen bis dato realisierten Leistungen an den höchsten Bergen der Welt und vermittelte auf diese Weise eine neue, aber klare Markenbotschaft.

Seine Positionierung als einer der erfolgreichsten aktiven Höhenbergsteiger der Gegenwart basiert unter anderem darauf, dass er mit seinen extremen Skiabfahrten völlig neue Bilder in unsere heimischen Wohnzimmer übermitteln konnte und sich somit gegenüber anderen Höhenbergsteigern differenzierte. Diese Vorgehensweise ist für reife Branchen typisch und eine Strategie, die bereits in vielen anderen Fällen erfolgreich war.

Auslöser solcher Strategien war stets ein zunehmender Innovations- und Produktivitätsdruck aufgrund gesättigter Märkte. Der enorme Innovationsdruck zur Differenzierung der Produkte einerseits und die unumgängliche Forderung nach mehr Effizienz in der Produktentstehung andererseits (Produktivitätssteigerungsprogramme wie »Olympia«, »For Motion Plus« oder »Euro C/D strategies«) zwingen alle Unternehmen der Automobilindustrie zu einem waghalsigen Spagat. Die steigende technische und organisatorische Komplexität in der Branche und die geänderten Umweltbedingungen, beides Faktoren einer zunehmenden Internationalisierung, erfordern von allen Zulieferern wirksame strategische, strukturelle und kulturelle Anpassungsleistungen, um auch in Zukunft bestehen zu können. Da Wertschöpfung heute und künftig verstärkt in der Transformation des bestehenden Wissens in konkrete Problemlösungen für unsere Kunden stattfindet, müssen die heutigen Projektsteuerungs-, Kommunikations- und Kooperationsfähigkeiten gezielt ausgebaut werden, um den Wandel vom klassischen, technisch orientierten Entwicklungs- und Produktionspartner zum wissensbasierten, vernetzt agierenden Projektpartner erfolgreich gestalten zu können. Zulieferer müssen die Innovationsbestrebungen der Automobilhersteller dahingehend unterstützen, dass sie in ihren jeweiligen Kompetenzfeldern als effektive und effiziente Problemlöser markt- und ergebnisorientiert aktiv sind, um das derzeitige Ausscheidungsturnier auch langfristig erfolgreich bestehen zu können.

Eine strikte Konzentration auf die wahren Bedürfnisse der Endkunden führt dazu, dass weniger, dafür aber signifikante Differenzierungsmerkmale in die Fahrzeuge integriert werden. Eine Reduktion der Leistungsmerkmale bedingt gleichzeitig eine effizientere Entwicklung und Produktion, da eine Verringerung der technischen Komplexität selbstverständlich auch positive Auswirkungen auf die Produktivität hat. Die Gefahr der Verzettelung in der Entwicklungs- und Produktionsplanungsarbeit wird durch weniger Leistungsmerkmale ebenfalls reduziert. Diese Maxime gilt für die Aktivitäten der Hersteller genauso wie für die der Zulieferer. Deshalb sollten Innovationswettläufe vermieden werden und der Fokus vielmehr darauf gerichtet werden, nur solche Verbesserungen vorzunehmen, die für den Kunden einen echten und damit wahrnehmbaren Mehrwert generieren.

Als Bill Gates Anfang der 80er Jahre seine Vision von einem weltumfassenden Software-Unternehmen propagierte, nahm ihn kaum jemand ernst. Nicht weniger Mut bewies der Visionär Reinhard Mohn, als er

Ende der 40er Jahre das Ruder bei dem kleinen Verlag Bertelsmann übernahm. Oder Reinhold Würth, der als Neunzehnjähriger nach dem plötzlichen Tod seines Vaters eine Schraubenhandlung mit nur einem Angestellten führen musste. Was aus den Unternehmen Microsoft, Bertelsmann und Würth geworden ist, braucht nicht weiter kommentiert zu werden. Aber Visionen spielten für diese spektakulären Entwicklungen eine maßgebliche Rolle.

Unternehmen brauchen Visionen wie die von Gates, Mohn oder Würth. Sie sind das Fundament und die Basis der Unternehmensentwicklung. Eine der wichtigsten Aufgaben der Manager besteht deshalb darin, »geistige Vorhut« zu sein und langfristige Ziele zu formulieren. Zu den wesentlichen Aufgaben des Managements gehört es nun mal, über den Tag hinaus zu denken, um Visionen und Ziele für ihr Unternehmen definieren zu können.

Als der große deutsche Bankier Hermann-Josef Abs einmal gefragt wurde, was passieren würde, wenn der Vorstand der Deutschen Bank geschlossen zurückträte, antwortete er sinngemäß, dass dies in den ersten fünf Jahren kaum Auswirkungen zeigen würde, danach würde man den Unterschied aber deutlich sehen. Die Vorwegnahme, der geistige »Vorvollzug« zukünftiger Entwicklungen sei eine nicht delegierbare Aufgabe.[5]

Genauso wenig wie Manager die Entwicklung von Visionen delegieren können, genauso wenig kann dies Hans Kammerlander. Zum langfristigen Erfolg gehören aber nicht nur Kreativität, Ideen und die geistige Vorwegnahme zukünftigen Handelns, sondern gleichermaßen Ausdauer und Disziplin. Aus meiner Sicht waren Geduld, Durchhaltevermögen und Konsequenz die noch wichtigeren Komponenten seiner unvergleichlichen Erfolge.

Letztendlich braucht man aber sicher beides: die richtige Vision und das Durchhaltevermögen, diese über Jahre unbeirrt zu verfolgen und auch dann nicht aufzugeben, wenn Rückschläge in Kauf genommen werden müssen oder unüberwindbar erscheinende Barrieren auftreten. Für Kammerlander ist eine Vision nichts Illusionäres, Imaginäres oder gar etwas »Spirituelles«, sondern ganz einfach eine erste Vorstellung von dem, was er in Zukunft realisieren möchte.

Viele Manager der Automobilindustrie verfolgen derzeit die Vision, sich künftig verstärkt in jenen Märkten zu etablieren, die besonders starkes Wachstum versprechen. Angesichts der gesättigten Stammmärkte ist es durchaus naheliegend, dass sich nicht nur Automobilhersteller, son-

5 Vgl. Simon, H.: Geistreiches für Manager, 2002, S. 13.

dern auch Entwicklungsdienstleister und Zulieferer neue Märkte suchen. Die sogenannten »Emerging Regions«, zu denen vor allem Entwicklungsmärkte wie China, Indien oder Lateinamerika zählen, sollen den Unternehmen wieder zu Wachstum und Ertragskraft verhelfen.

Doch mit den Emerging Regions sind nicht nur große Hoffnungen, sondern auch zahlreiche Unwägbarkeiten und Risiken verbunden. Die Automobilzulieferer sind angesichts der ambitionierten Expansionspläne der Automobilkonzerne hin- und hergerissen: Sollen sie ein Engagement in diesen Ländern wagen, und was müssen sie beachten, damit das erhoffte Ertragspotential auch tatsächlich Früchte trägt? In der Tat ist das Entwicklungspotential in Emerging Regions enorm, doch schon heute kündigen sich beispielsweise in China nicht unwesentliche Überkapazitäten an. Ein erbitterter Kampf um Marktanteile zwischen den Automobilherstellern hat längst begonnen, und somit wächst der Kostendruck, der die Margen der Zulieferer erheblich reduziert. Der Wettbewerb verlagert sich – und bereits mittelfristig werden die Zulieferer in diesen Ländern vor vergleichbaren Herausforderungen stehen wie in ihren bisherigen Stammmärkten. Da die Grundlagen der Wettbewerbsposition des eigenen Unternehmens bereits heute für das Jahr 2015 geschaffen werden, stellt sich zu Recht die Frage, inwieweit eine Internationalisierungsstrategie unter den gegebenen Rahmenbedingungen auch tatsächlich erfolgreich sein kann.

Visionen, Leitbilder und strategische Ziele zu entwickeln ist in den gesättigten Märkten der Automobilindustrie eine genauso anspruchsvolle Aufgabe wie im Höhenbergsteigen. Nur wer eine klare Vision hat, ist in der Lage, seinen Handlungen Sinn und Richtung zu geben. Dabei ist es für Hans Kammerlander genauso entscheidend, die Logik einer Situation zu ergründen, wie für Manager der Automobilindustrie. Die Ausgangslage ist die gleiche, wobei die Risiken und die Komplexität natürlich unterschiedlich sind.

Letztendlich aber war alles, was je von einem Menschen geschaffen oder getan wurde, zuvor gedanklich vorhanden – ob unbewusst oder als ausgereiftes Konzept. Nur etwas, das bereits in den Köpfen der Menschen existiert, kann durch konkrete Maßnahmen auch reale Gestalt annehmen: Das Handeln ist ein unmittelbares Ergebnis des Denkens. Um überhaupt Visionen formulieren zu können, muss die Ausgangssituation aber in jedem Fall sorgfältig analysiert werden.[6]

Wie Visionen in der Automobilindustrie umgesetzt werden können, zeigt das nachfolgende Beispiel eines Dienstleisters, der seit 1968 für die

6 Vgl. Seiwert, L. J.: Wenn Du es eilig hast, gehe langsam, 2005.

Automobilindustrie arbeitet und der aufgrund der gezielten Veräußerung eines Unternehmensteils strategisch neu ausgerichtet werden musste. Diese strategische Neuausrichtung im Jahr 2003 setzte eine klare Vision voraus, die mittlerweile auch erfolgreich im Markt umgesetzt werden konnte.

Best practice: Vision eines Industrieunternehmens

Engineering-Unternehmen der Automobilindustrie, also qualifizierte Entwicklungsdienstleister, verantworten bis heute etwa ein Drittel der Wertschöpfung in der Fahrzeugentstehung und stehen im Zuge des bereits beschriebenen Marktumbruchs vor besonderen Herausforderungen. Lange Jahre haben sie die Automobilhersteller auf ihrem einzigartigen Erfolgsweg begleitet. Heute bricht ihnen der Markt in alle Richtungen weg: Die Automobilhersteller verstärken ihre eigenen Entwicklungsaktivitäten, um unabhängiger zu werden und eigenes Knowhow wieder gezielt auszubauen. Gleichzeitig erweitern Bauteilzulieferer ihre Kompetenzen, denn sie müssen verstärkt Entwicklungsverantwortung für Fahrzeugkomponenten und Module übernehmen, um den sogenannten »Pay-on-production«-Modellen der Automobilhersteller gerecht werden zu können. Dies heißt, wie bereits ausgeführt, dass Zulieferer ihre eigenen Entwicklungskosten über die spätere Serienlieferung von Bauteilen amortisieren müssen. Man spricht in der Branche auch von »Benefit-« oder »Risk-Sharing«. Die Insourcing-Bestrebungen der Automobilhersteller und die zunehmende Risikoverlagerung auf nachgelagerte System- und Komponentenlieferanten führt unweigerlich zu einer schwindenden Nachfrage an den bisherigen Entwicklungsdienstleistungen klassischer Engineering-Unternehmen.

Der nachfolgend beschriebene Weg eines Entwicklungsdienstleisters zeigt auf, dass auch in der Automobilindustrie Visionen erforderlich sind, um die Überlebensfähigkeit von Unternehmungen langfristig gewährleisten zu können und damit das Ausscheidungsturnier in diesem Marktsegment erfolgreich zu bestehen. Die Vision dieses Entwicklungsdienstleisters bestand darin, sich vom klassischen Entwicklungspartner der Automobilhersteller zum prozessorientierten Projektkoordinator in der Lieferpyramide zu entwickeln – das heißt, sich im Kern den Koordinations- und Steuerungsaufgaben in der Projektarbeit zu widmen und als vernetzt agierender »Prozessintegrator« in den zunehmend komplexer werdenden Arbeitsstrukturen des gesamten Fahrzeugentstehungsprozesses zu fungieren. Denn eine zentrale Herausforderung auf dem Weg zu einer effizienteren Produktentstehung liegt unter anderem in der Synchronisation aller beteiligten Partner in immer komplexeren Projekten. Der markante Anstieg des Branchen-Pulsschlages durch immer mehr Fahrzeugprojekte erfordert, dass die gesamte Zulieferpyramide an einem gemeinsamen Strang und in eine Richtung zieht, und in diesem Zusammenhang können Entwicklungsdienstleister aufgrund ihrer fundierten Erfahrungen in der Zusammenarbeit mit den Automobilherstellern einen ebenso fundierten wie wertvollen Beitrag leisten.

Noch Anfang dieses Jahrzehnts wurde diese Vision in Frage gestellt, da man in der Engineering-Branche davon ausging, dass alle Koordinations- und Steuerungsaufgaben nur von den Automobilherstellern selbst wahrgenommen werden könnten. Diese Zweifel erschienen auf den ersten Blick auch nachvollziehbar, doch schon aufgrund der kontinuierlich zunehmenden Anzahl an neuen Fahrzeugen mit immer mehr Leistungsmerkmalen und nur begrenzt wachsender Ressourcen bei den Automobilherstellern waren diese Zweifel zumindest diskussionswürdig.

Vor diesem Hintergrund und entgegen aller gutgemeinten Handlungsempfehlungen aus der Branche entschied sich die Geschäftsführung des etablierten Engineering-Unternehmens dazu, das bisherige Leistungsportfolio des Unternehmens zu korrigieren, den geänderten Bedürfnissen des Marktes anzupassen und sich von nun an gezielt den Koordinations- und Steuerungsaufgaben im Fahrzeugentstehungsprozess zu widmen.

Aufgrund der bereits beschriebenen Outsourcing-Prozesse der Automobilhersteller an Systemlieferanten (»Pay-on-production«-Modelle), aufgrund der daraus resultierenden Überkapazitäten in der klassischen Entwicklungsdienstleistung (vgl. auch Insourcing-Bestrebungen der Automobilhersteller) und nicht zuletzt aufgrund eines zunehmenden Wettbewerbs in der Engineeringbranche mit günstigeren, zumeist internationalen Mitbewerbern aus »Low-cost«-Regionen, beschlossen die Gesellschafter des Unternehmens im ersten Schritt, die deutschen Entwicklungsstandorte an einen führenden Komponentenlieferanten zu veräußern (2002). Anfang 2003 wurde schließlich ein Dienstleistungsunternehmen »neuer Prägung« ins Leben gerufen, das sich von Anfang an dem »prozessorientierten Projektmanagement« in der Fahrzeugentstehung widmete (vgl. Kapitel IV: Projektmanagement) und ab diesem Zeitpunkt zunehmend als sogenannter »Prozessintegrator« agierte.

Um diese komplexe Aufgabe überhaupt wahrnehmen zu können, ist fundierte Branchenkompetenz mit der entsprechenden fachlichen Expertise zwar erforderlich, aber nicht ausreichend, so dass es in einem zweiten Schritt darum ging, bewährtes Methodenwissen aus der klassischen Unternehmensberatung zu ergänzen und an die spezifischen Bedürfnisse der Automobilindustrie anzupassen. Nun ist der Fahrzeugentstehungsprozess eine außerordentlich komplizierte und zudem stark vernetzte Herausforderung für alle Beteiligten, so dass sich das Unternehmen zunächst auf Steuerungs- und Koordinationsaufgaben auf dem Feld der Karosserieentstehung beschränkte.

Da die Karosserie seit jeher die »Keimzelle« des Autos darstellt, die alle übrigen Komponenten aufnimmt (Antrieb, Fahrwerk, Ausstattung, Elektrik/Elektronik ...), kamen rasch neue Aufgaben hinzu, die auch andere Fahrzeugmodule betrafen. Die gezielte Verknüpfung der fachlichen mit den methodischen Fähigkeiten stellte in der nun zunehmenden Kompetenzbreite schon bald ein Alleinstellungsmerkmal im Markt dar. Auf dieser Basis konnte man in einem dritten Schritt diese Koordinations- und Steuerungsaufgaben auch in angrenzenden Prozessen der Fahrzeugentstehung anbieten. Sukzessive wurden nicht nur in der Entwicklung, sondern auch in der Fabrik- und Fertigungsplanung sowie in der Fahrzeugerprobung vergleichbare Managementleistungen realisiert.

Als neutraler Partner, letztendlich nur dem Kunden verpflichtet, fügt das Unternehmen heute verschiedene Beteiligte eines Fahrzeugprojektes zu einem optimal funktionierenden Netzwerk zusammen. In dieser Rolle verfolgt das Unternehmen konsequent einen »Best-of-Class«-Ansatz, indem es Spezialisten zusammenführt, die in ihren jeweiligen Kompetenzfeldern überdurchschnittliche Qualität sowie einen hohen Innovationsgrad garantieren können. Auf Basis dieser Unternehmensphilosophie – in der Entwicklung genauso wie in der Fabrik- und Fertigungsplanung oder in der Fahrzeugerprobung – versteht sich das Unternehmen mittlerweile als höchstqualifiziertes Dienstleistungsunternehmen der Branche mit der Fähigkeit, übergreifende Fahrzeugentstehungsprozesse ziel- und ergebnisorientiert konzipieren, managen und in die Praxis umsetzen zu können.

Die Höherqualifizierung vom klassischen Engineering-Unternehmen zum sogenannten »Prozessintegrator« führte nicht nur zu komplexeren industriellen Aufgabenstellungen und damit zu deutlich besseren betriebswirtschaftlichen Ergebnissen, sondern auch dazu, dass den Mitarbeitern innerhalb des Unternehmens interessante Weiterentwicklungsoptionen angeboten werden konnten. Die strategische Neuausrichtung bewirkte also nicht nur die Entwicklung neuer Erfolgspotentiale, sondern stellte Kunden, Gesellschafter und Mitarbeiter gleichermaßen zufrieden. Erforderliche Umstrukturierungen im Unternehmen konnten schrittweise vorgenommen werden, so dass die Motivation und Leistungsbereitschaft der Mitarbeiter nicht gefährdet wurde. Selbstverständlich waren die Maßnahmen zur Realisierung dieses strategischen Ziels vielschichtig und umfangreich und könnten sicherlich ein eigenes

Buch füllen, so dass der fast fünfjährige Weg von der Vision zur Realisierung an dieser Stelle nur skizziert werden kann.

Entscheidend ist allerdings, dass Visionen in der Unternehmensentwicklung dieselbe Bedeutung haben wie im Höhenbergsteigen. Die Vision muss realistisch sein, die strategischen Leitplanken des Unternehmens abbilden und möglichst klar und verständlich formuliert werden. Kunden und Mitarbeiter müssen verstehen, welche Vision vom Unternehmen verfolgt wird. Selbstverständlich muss die Vision auf strategische und operative Ziele heruntergebrochen werden, um die einzusetzenden Mittel und Maßnahmen zum Erreichen der Ziele definieren zu können.

Maßnahmen sind Aufgaben, die diszipliniert und konsequent umgesetzt werden müssen. Um Aufgaben effektiv und effizient umsetzen zu können, müssen Kompetenzen (Befugnisse) und Verantwortlichkeiten eindeutig geregelt sein. Auf diese Weise arbeiten alle Mitarbeiter eines Unternehmens an der Realisierung einer Vision mit, was die Identifikation mit dem Unternehmen natürlich steigert.

Das strategische, strukturelle und kulturelle Fundament einer Vision basiert – analog zum Höhenbergsteigen – auf Erfahrungswissen. Das Beispiel des Engineering-Unternehmens hat gezeigt, dass auf Basis von Branchenkompetenz, die in mehr als vierzig Jahren aufgebaut wurde, methodische Kompetenzen ergänzt werden konnten, die in der Kombination zur Umsetzung der Vision führten – genauso wie Hans Kammerlander am Nanga Parbat und Mount Everest seine Fähigkeiten im Höhenbergsteigen und im Extremskifahren gezielt miteinander verknüpft hat.

Management Summary

Die richtigen Visionen eines Unternehmens sind aufgrund der aktuellen Marktentwicklung in der Automobilindustrie zu einer zentralen Schlüsselaufgabe geworden, von deren professioneller Umsetzung das Wohlstandsniveau, die Innovationskraft sowie die effektive und effiziente Nutzung von Ressourcen in der Branche abhängt. Schwierige Umbruchzeiten – wie wir sie in der europäischen Automobilindustrie derzeit antreffen – erhöhen die Bedeutung von Visionen zusätzlich. Künftige Marktmechanismen frühzeitig zu erkennen, veränderte Marktstrukturen zu verstehen und daraus erfolgreiche Strategien für die Unternehmen abzuleiten sind die wesentlichsten Herausforderungen an Führungskräfte der westlichen Automobilindustrie.

Nichtsdestotrotz lassen sich aber noch immer viele Zulieferunternehmen einfach treiben, da sie davon ausgehen, dass sie ohnehin keinen Einfluss auf die Entwicklung des Marktes haben und dass aller Erfolg sowieso nur von den Automobilherstellern abhängen wird. Dabei sind aber nur jene Unternehmen, die eine klare Vision haben, auch in der Lage, eine zukunftsorientierte Unternehmensentwicklung zu realisieren. Alle Mitarbeiter eines Unternehmens müssen die gemeinsame Vision teilen können, die die Grundlage für eine erfolgreiche Zusammen- und Teamarbeit darstellt.

In erster Linie müssen Visionen realistisch sein, sonst sind sie nicht brauchbar. Realistische, aber ambitionierte Visionen wecken Energien, lösen Aktivitäten aus und reißen andere mit. Wenn Mitarbeiter an eine Vision glauben, so wirkt diese wie ein mentales Kraftzentrum – wie es auch bei Hans Kammerlander der Fall war, als er von den höchsten Bergen der Welt mit Skiern abgefahren ist. Visionen vermitteln das Gefühl, an einer wichtigen Sache zu arbeiten, und erhöhen die Bereitschaft, sich für die gesetzten Ziele einzusetzen.

Letztendlich geht es darum, Ziele zu definieren, die stufenweise zur Realisierung einer Vision führen, also Einzelbausteine zu einem harmonischen Ganzen zusammenzuführen. Dieser Zusammenhang gilt für den Höhenbergsteiger Kammerlander genauso wie für jeden (Automobil-)Manager.

II Spitzenleistung

»Der einzige Beweis für Fähigkeiten sind Leistungen.«
Unbekannt

Mai 1998 | Kangchendzönga, 8.586 m (Nepal/Indien)

Es ist schon spät am Vormittag, als Konrad Auer und ich eine weitere Steilstufe an diesem gewaltigen Berg bezwungen haben. Wir schreiben den 17. Mai 1998 und befinden uns etwa 150 Höhenmeter unter dem Gipfel des 8.586 Meter hohen Kangchendzönga, dem dritthöchsten Berg der Erde. Konrad, der hoffte, dass die soeben bewältigte Steilstufe – dort, wo der Teil eines Teleskop-Skistocks von weit unten sichtbar aus dem Schnee ragte – auch der Gipfel sei, ist enttäuscht. Er hatte seine ganze Kraft auf diesen Punkt fokussiert und wird nun mit der bitteren Erkenntnis konfrontiert, dass die ganze Schinderei für uns noch immer kein Ende hat.

Und obgleich sich der Berg nun anscheinend milde gegenüber denjenigen zeigt, die es bis hierher geschafft haben, und sich zumindest ein wenig zurückneigt, scheint Konrads Wille zu brechen und seine Motivation zu schwinden.

Es liegt bereits einige Zeit zurück, seit wir die neuralgische 8.200-Meter-Marke »durchbrochen« haben, eine Höhe, die ich selbst immer wieder als »kritisch« bezeichne. Denn 8.200 Meter liegen an der Grenze dessen, was zum Äußersten entschlossene und sehr gut trainierte Menschen bei angemessener Akklimatisierung ohne die Zuhilfenahme von künstlichem Sauerstoff noch leisten können. Alles darüber erfordert nicht nur ideale Bedingungen am Berg, sondern auch körperliche Voraussetzungen, die nicht antrainierbar sind. Dazu gehört beispielsweise, dass Höhenbergsteiger auf Sauerstoffmangel deutlich früher als andere reagieren, und zwar mit einer gesteigerten und vertieften Atmung, welche zu einer Verbesserung der Sauerstoffsättigung des Blutes in der Höhe führt. Diese Atemtätigkeit wird durch das Atemzentrum im Gehirn gesteuert und kann bewusst nicht dauerhaft vom Menschen beeinflusst werden. So zeigen Bergsteiger, die in der Höhe immer wieder an akuter Bergkrankheit leiden, nur eine ungenügende Steigerung der Atmungstätigkeit bei Sauerstoffmangel. Es handelt sich also um eine angeborene

Fähigkeit, die offensichtlich der wichtigste physiologische Mechanismus zur Kompensation von Sauerstoffmangel bei leistungsstarken Höhenbergsteigern ist.[7]

Ab einer Höhe von 8.200 Metern gelten folglich andere Gesetzmäßigkeiten, so dass all jene Berge, die diese »magische« Höhe überschreiten, aus meiner Sicht schlichtweg einer anderen Kategorie zuzuordnen sind. Aufgrund meiner unterschiedlichsten Erfahrungen am Mount Everest (8.846 Meter, 1996 im Alleingang), Lhotse (8.511 Meter, 1986 mit Reinhold Messner) und Makalu (8.481 Meter, 1986 mit Reinhold Messner und Friedl Mutschlechner) kenne ich bereits dieses Phänomen, und so kann ich die nagenden Zweifel, die Konrad gerade quälen, durchaus nachvollziehen. Vor allem dann, wenn man zum ersten Mal in dieser Höhe ist, droht der Wille schnell zu brechen. Doch ich weiß auch, dass selbst in solchen Situationen häufig noch viel Kraft im Körper steckt. Richtig gefährlich wird unser Beruf vor allem dann, wenn der Wille noch da, der Körper aber längst ausgepumpt ist.

Im Gespräch mit Konrad bemerke ich aber schon bald, dass dieser Spitzenbergsteiger noch Kraft hat, genügend Kraft, um mit mir dieses große Abenteuer am Kangchendzönga erfolgreich zu beenden.

Es ist kein Zufall, dass ich mich bei dieser Expedition für Konrad Auer als Gipfelpartner entschieden hatte und mit ihm gemeinsam bis hierher gelangte. Als jungen, allzeit souveränen und äußerst belastbaren Bergführer meiner Südtiroler Alpinschule kannte und beobachtete ich ihn schon seit geraumer Zeit, und sein außergewöhnliches Talent, seine stete Zuverlässigkeit, seine Integrität und seine Professionalität als Bergführer sind mir dabei immer wieder aufgefallen.

Diese Eigenschaften setze ich für einen Höhenbergsteiger voraus, und es gibt eine ganze Reihe weiterer wichtiger Kriterien, die ich bei der Wahl meiner Expeditionspartner bewusst ins Kalkül ziehe. Konrad ist äußerst konditionsstark, ehrgeizig und genauso fleißig wie konsequent in der Vorbereitung auf ein derartiges Abenteuer. Das lange und gelegentlich auch ermüdende Training in den heimischen Alpen und Dolomiten stellt eine Grundvoraussetzung und das Fundament für unsere Leistungen an den höchsten Bergen der Welt dar. Es ist eine Arbeit, die häufig unterschätzt oder gar nicht erst gesehen wird. Die gezielte Vorbereitung auf das spezifische Profil eines Achttausenders wie jenes des Kangchendzönga ist absolut unabdingbar, um sich überhaupt selbstbewusst und einigermaßen sicher an einem solchen Berg bewegen zu können. So dient das körperliche Training auch unmittelbar der geistigen

7 Vgl. Oelz, O.: Ganz oben, In: Kammerlander, H.: Abstieg zum Erfolg, 2001, S. 156.

Vorbereitung, die vor allem in Extremsituationen mindestens genauso wichtig ist.

Wer aufgrund fehlender körperlicher Fitness Selbstzweifel und Unsicherheit in sich trägt und insbesondere an besonders schwierigen, exponierten und gefährlichen Stellen nicht mehr positiv denken kann, hat an einem Himalaja-Riesen wie dem Kangchendzönga definitiv nichts verloren. An diesen trostlosen Orten, geprägt von abweisenden Felsen und sturmgepresstem Schnee, muss der Kopf stimmen. Die Luft in großen Höhen – und damit ihr Sauerstoffgehalt – ist auf ein Drittel ihrer Dichte auf Meereshöhe geschrumpft. Jede Bewegung kostet enorm viel Energie, körperliche und mentale Kraft, die hier oben nicht mehr nachgeladen werden kann.

Konrad aber, dessen enorme Leistungsfähigkeit ich in der gemeinsamen Vorbereitung der letzten Monate und vor allen Dingen in den vergangenen Wochen am Berg sehr zu schätzen gelernt habe, verfügt über genau jene körperliche und mentale Kraft, die man zur Finalisierung einer solch ambitionierten Expedition benötigt. Seine Geradlinigkeit und Ehrlichkeit, mit der er nun über seinen Motivationsverlust spricht, bestätigen mich in meiner Einschätzung, und so spreche ich mit ihm über die fast unglaublichen Reserven des Körpers, die noch mobilisiert werden können, auch wenn der Wille bereits nachlässt. Möglichst einfühlsam und rücksichtsvoll versuche ich ihn davon zu überzeugen, mit mir die letzten 150 Höhenmeter gemeinsam anzugehen. Und Konrad resigniert nicht, er wendet sich zum Berg und nimmt das Schlussstück in Angriff.

Erleichtert setze auch ich den Aufstieg fort und freue mich, zusammen mit Konrad den Gipfel erreichen zu können – auch deshalb, da er in den letzten Wochen ganz wesentlich dazu beigetragen hatte, dass wir bis hierher gekommen sind.

Der Kangchendzönga gehört zweifelsohne zu den schwierigsten und gefährlichsten der vierzehn Achttausender. Er besteht zu 80 Prozent aus Schnee- und Eisflächen und gilt damit als der größte Gletscherberg der Erde. Nicht zu Unrecht ist die wörtliche Übersetzung des nur schwer auszusprechenden Namens Kangchendzönga »die fünf Schatzkammern des ewigen Schnees«, da schon die Wegsuche in einem Labyrinth versteckter Gletscherspalten und anderer Hindernisse wie unüberwindbarer Steilflanken und tiefer Gräben eine besondere Herausforderung für jeden Bergsteiger darstellt. Zahlreiche Fels- und Eisstufen mit ebenso vielen flachen und zuweilen zermürbenden Zwischenstücken kennzeichnen das Profil des Kangchendzönga, den ich aus Sicht des Höhenbergsteigers als einen ziemlich »kompletten Berg« bezeichnen würde, da er dem Alpinisten alle Fähigkeiten abverlangt.

Da sich die Spaltenwüsten von Natur aus permanent in Bewegung befinden, sind Eisbrüche und Seracstürze an der Tagesordnung, so dass immer wieder neue Linien und Wege ausgekundschaftet werden müssen, was die körperliche Kondition auf das Ärgste fordert. Das schier endlose Zickzack durch die Hindernisse erfordert aber darüber hinaus auch sehr viel Erfahrung und eine besondere Motivations- und Leistungsbereitschaft, da man bei der stetigen Wegsuche nicht selten umkehren und wieder von vorne beginnen muss, sobald sich die eingeschlagene Route mal wieder als »Sackgasse« herausstellt.

Zudem befinden sich die steilsten und objektiv gefährlichsten Stellen des Kangchendzönga im obersten Bereich des Berges, was den Aufstieg natürlich zudem erschwert. Eine Nonstop-Besteigung wie am Mount Everest ist am Kangchendzönga unmöglich, und so errichteten auch wir im Rahmen unserer sorgfältigen Akklimatisierung zwei kleine Hochlager in 6.100 und 7.000 Metern Höhe. Die äußeren Umstände an diesem fast 8.600 Meter hohen Bergriesen erfordern sehr viel Willens- und Nervenstärke, umfangreiche Erfahrungen an anderen Achttausendern und zudem ein belastbares Verantwortungsbewusstsein in großer Höhe.

Bis zum Frühjahr 1998 waren am Kangchendzönga nur 36 von 76 Expeditionen erfolgreich, wobei gleichzeitig mehr als dreißig Bergsteiger dort ihr Leben verloren, viele davon herausragende Höhenbergsteiger mit eindrucksvollen Tourenbüchern wie der Franzose Benoit Chamoux oder die Polin Wanda Rutkiewicz. Die Todesursachen am Kangchendzönga waren dabei genauso tragisch wie vielfältig und reichten vom Steinschlag und Absturz bis hin zu Gehirn- und Lungenödemen. Denn der mit zunehmender Höhe abnehmende Luftdruck stellt neben den spezifischen Berg- und meist schwierigen Witterungsbedingungen die größte Gefahr im Höhenbergsteigen dar. Dabei reagiert das Gehirn auf Sauerstoffmangel besonders empfindlich, da das anschwellende Gewebe im unflexiblen Schädel zu Schäden am Nerven- und Gefäßsystem führen kann. Die Folgen sind dann starke Kopfschmerzen, Übelkeit, Erbrechen, geistige Störungen, Halluzinationen und in besonders schwerwiegenden Fällen Hirnblutungen und Schlaganfälle, die bekanntermaßen tödlich sein können.

Zur Behandlung solcher Hirnödeme kennt die Medizin an sich nur ein effizientes Mittel: den sofortigen Abstieg in tiefere Regionen, um die abgeschnürte Durchblutung wieder zu normalisieren und auf diesem Weg Flüssigkeitsansammlungen (Ödeme) aufzulösen. Nicht weniger gefährlich sind sogenannte Lungenödeme. Diese resultieren ebenfalls aus dem abnehmenden Sauerstoffgehalt in der Luft und der deutlich schlechteren Bindung des Sauerstoffs an das Hämoglobin der roten Blut-

ganz besonderer Augenblick: Gipfelbild am Mount Everest nach Aufstieg in Rekordzeit.

r intensivste Moment: Auf dem Gipfel des Everest, wenige Augenblicke vor der Skiabfahrt.

Adrenalin pur: Während der Skiabfahrt am Mount Everest.

ɪrdwand des Mount Everest.

ʌärchenwiese« am Nanga Parbat.

Aufstieg durch die Diamirwand am Nanga Parbat, zweithöchste Wand der Welt.

heimische und ihre Yaks auf den typischen Hochflächen Tibets.

seile.

Konrad Auer im Gipfelbereich des Kangchendzönga.

emberaubendes Panorama am Gipfel des »Kantsch«, dritthöchster Berg der Erde.

liebsames Mitbringsel vom Kangchendzönga: Erfrorene Zehen.

Ein Bild geht um die Welt: Kopfstand aus purer Freude am Kangchendzönga.

körperchen. Beide Effekte zwingen den Körper, schneller zu atmen, um den Blutkreislauf auf diese Weise zu beschleunigen. Die Folgen sind Bluthochdruck, Hyperventilation und Herzrasen. Steigt der Druck im Lungenkreislauf weiter an, sickert aus den feinen Kapillaren Flüssigkeit in die Lungenbläschen, die nicht mehr resorbiert werden kann. Wer schließlich an einem solchen Lungenödem leidet, dem droht Atemnot bis hin zum Atemstillstand. Darüber hinaus führt die trockene Höhenluft häufig zu starken Hustenanfällen, die die Atmung ebenfalls erschweren. Auch ich litt im Laufe meiner Expeditionen immer wieder an einem derartigen Husten.

Deshalb ist eine konzentrierte Akklimatisierungsphase von großer Bedeutung, die durch mehrere Auf- und Abstiege realisiert wird, bei denen Höhenlager eingerichtet und Fixseile an gefährlichen und schwierigen Kletterstellen verlegt werden. Die Akklimatisierung führt zu einer vermehrten Bildung roter Blutkörperchen, so dass Sauerstoff besser aufgenommen und im Körper verteilt werden kann. Deshalb beziehen viele Leistungssportler im Rahmen ihrer Vorbereitung auf bestimmte Wettkämpfe auch Höhentrainingslager. Da zu viele rote Blutkörperchen das Blut jedoch eindicken, das dann nicht mehr durch die feinen Gefäße fließen kann, was möglicherweise zu Lungenembolien, Herzinfarkten oder Schlaganfällen führt, müssen Bergsteiger ab einer Höhe von etwa 7.000 Metern täglich vier bis sieben Liter Wasser trinken, um das Blut flüssig zu halten.[8]

Ab einer Höhe von etwa 8.200 Metern nimmt dann der Höhenstress nochmals merklich zu, so dass Müdigkeit, Konzentrations- und Koordinationsstörungen oftmals die Ursache von tragischen Abstürzen sind. Deshalb ist es absolut überlebenswichtig, die eigene Erschöpfung und die der Expeditionspartner permanent zu beobachten, um sie richtig einschätzen und entsprechend handeln zu können. Dabei muss man natürlich auch immer an den Abstieg denken, da nicht das Erreichen des Gipfels die wahre Leistung beim Bergsteigen und Extremklettern darstellt, sondern ein sicherer Abstieg. In meinem Buch »Abstieg zum Erfolg« habe ich diesen zentralen Aspekt des Bergsteigens bereits ausführlich analysiert und mit vielen Beispielen untermauert.

Und so darf der Kangchendzönga in vielerlei Hinsicht nicht unterschätzt werden. Natürlich war es kein Zufall, dass ich diesen schwierigen und gefährlichen Berg zusammen mit dem klettertechnisch noch anspruchsvolleren K2 ans Ende meiner Achttausender-Chronologie stellte.

8 Vgl. Schulz-Schaeffer, R.: »An der Grenze des Erträglichen«, 2003, S. 87.

Das Kernteam unserer Expedition bestand neben Konrad Auer und mir noch aus meinem Freund und Kameramann Hartmann Seeber, den der Profibergsteiger Werner Tinkhauser unterstützte, sowie Walther Lücker, mit dem ich damals an meinem zweiten Buch »Bergsüchtig« arbeitete. Allesamt waren sie mir lange und gut bekannt, begeisterungsfähig und neugierig darauf, was sie in den »fünf Schatzkammern des ewigen Schnees« erwarten würde.

Mein sportlicher Ehrgeiz bestand auch bei dieser Expedition primär darin, den dritthöchsten Berg der Erde im Alpinstil zu bezwingen, natürlich ohne künstlichen Sauerstoff zur Hilfe zu nehmen, ohne kilometerlange Fixseile zu verlegen und schließlich als Zweierseilschaft den Gipfel zu erreichen.

Doch dieses Vorhaben drohte bereits beim Anmarsch zum Kangchendzönga zu scheitern, als miserabel ausgerüstete Träger ihre Arbeit aufgrund von Neuschnee niederlegten und in den Streik traten. Nur mit viel Mühe und Überredungskünsten gelang es uns schließlich, die besser vorbereiteten und leistungsbereiten Träger von den »Revoluzzern« zu trennen, um nach heftigen verbalen Auseinandersetzungen den Weg zum Basislager fortsetzen zu können. Letztlich mussten wir sogar noch einen Pendeldienst zwischen Ramje, den letzten Almhütten auf unserem Weg zum Kangchendzönga, und dem Basislager auf etwa 5.500 Metern einrichten, der zu einem ungeplanten und sehr ärgerlichen Zeitverlust für die gesamte Expedition führte.

Da das Wetter in diesen Maitagen ohnehin verrückt spielte und sich in aller Regelmäßigkeit heiße Sonnenstunden mit zahlreichen Neuschneefällen abwechselten, beunruhigte mich die unvorhergesehene Verzögerung der Expedition natürlich erheblich. Nichtsdestotrotz war es uns aber letztlich in mühsamer Arbeit gelungen, einen Pfad durch das undurchsichtige Spaltenlabyrinth der Gletscher zu finden und über unsere beiden kleinen Hochlager sowie einem weiteren Biwak auf etwa 7.600 Metern bis auf 150 Höhenmeter an den Hauptgipfel des Kangchendzönga heranzukommen.

Nachdem also Konrad und ich unseren Aufstieg wieder aufgenommen hatten, setzte leichtes Schneetreiben ein. Verunsichert durch die Witterungsbedingungen mit der im Tagesverlauf üblichen Verschlechterung des Wetters in den Nachmittagsstunden beschleunige ich nun ein wenig mein Aufstiegstempo. Tief in meinem Bewusstsein verankert ist das Wissen, dass etwa 80 Prozent aller Unfälle erst nach dem Erreichen des Gipfels passieren, wenn die Konzentration und Anspannung nachlassen, und deshalb höre ich immer wieder in meinen Körper hinein, um die verbliebenen Kraftreserven abzufragen.

Das Ziel erscheint so greifbar nah: Knapp 100 Höhenmeter sind es etwa noch, vielleicht 300 Meter Luftlinie. Aber wird das Wetter halten, wird die Zeit zum Abstieg bei Tageslicht ausreichen? Die zurückliegende Nacht in unserem Biwak war unruhig und wenig erholsam. Es war bitterkalt, rund minus 40 Grad, und zudem noch stürmisch. Bei diesen denkbar schlechten Umständen sind mir außerdem noch meine Thermo-Innenschuhe aus dem Schlafsack gerutscht – eine Unachtsamkeit, die im Laufe des Auf- und Abstiegs zu Erfrierungen an meinen Zehen führen sollte. In solchen Situationen sind die psychischen Anforderungen mindestens genauso hoch wie die physischen.

Der eigene Ehrgeiz und ein höhenbedingter Verlust der Fähigkeit zur präzisen Einschätzung der verbliebenen Kraftreserven dürfen nämlich nicht dazu führen, dass besondere Witterungsumstände oder späte Tageszeiten einfach ignoriert werden und damit ein Rückzug aus der menschenfeindlichen Gipfelregion des Berges unmöglich wird. Eine der schwierigsten Lektionen, die ich im Laufe meiner vielen Expeditionen gelernt habe, ist sicherlich die Fähigkeit, auch in unmittelbarer Gipfelnähe umzudrehen, wenn dies erforderlich ist. Dadurch habe ich viel Angst vor den Bergen verloren. Aber am Kangchendzönga ist die Zeit zur Umkehr noch nicht gekommen, auch wenn leichtes Schneetreiben und einsetzende Müdigkeit den Aufstieg zunehmend erschweren. Das Risiko erscheint mir noch nicht zu hoch, und so konzentriere ich mich Schritt für Schritt auf unser gestecktes Ziel, den Gipfel des dritthöchsten Berges der Erde.

Um exakt 14.40 Uhr erreiche ich endlich den höchsten Punkt, Konrad folgt nur wenige Minuten später. Meine Erleichterung und Freude ist riesengroß, insbesondere auch deshalb, da ich Konrad davon überzeugen konnte, nicht kurz vor dem Ziel aufzugeben. Es ist wieder einer dieser emotional so intensiven Augenblicke, die nur schwer in Worte zu kleiden sind. Nachdem ich unsere Begleiter im Basislager von unserem Expeditionserfolg informiert hatte, setzte ich – wie schon so oft zuvor auf anderen Gipfeln – zum Kopfstand an. Dass das Bild – ein Ausdruck meiner Freude – später zu einem Markenzeichen von mir werden würde, konnte ich zu diesem Zeitpunkt weder ahnen, noch war dies in irgendeiner Art geplant, als Konrad den Auslöser seiner Kamera betätigte. Sicherlich zeigt mir der Kopfstand im Nachhinein aber auch, dass ich noch nicht ganz an meine Leistungsgrenzen gekommen war und noch genügend Kraftreserven in meinem Körper steckten.

Nachdem wir auf 7.600 Meter ein weiteres Mal biwakiert hatten, fuhr ich am darauffolgenden Tag mit meinen Skiern bis ins Basislager ab und musste dort feststellen, dass die Erfrierungen an meinen Zehen doch gravierender waren als erwartet. Die ursprünglich geplante Trilogie, nämlich innerhalb weniger Wochen den Kangchendzönga, den Manaslu und den K2 hintereinander zu besteigen, wurde durch die Verletzungen vereitelt – das war mir klar. Und so flog ich nur zwei Tage später zurück in die Heimat.

Zwar wäre ich im Falle der gelungenen Trilogie nach Messner, Kukuczka, Loretan, Carsolio, Wielicki und Destefani der siebte Höhenbergsteiger gewesen, der alle vierzehn Achttausender bestiegen hat, doch das spielte bei diesem Plan für mich allenfalls eine untergeordnete Rolle. Die Wiederholung einer bereits erbrachten Leistung reizt mich seit jeher weniger als die Eroberung von unbekanntem Neuland, mit der man selbst ein neues Kapitel in der Geschichte des Höhenbergsteigens schreiben kann. Viel wichtiger war mir, dass es uns am Kangchendzönga gelungen war, geduldig den richtigen Weg auszukundschaften, unseren Rhythmus zu finden, uns richtig auf die Höhe anzupassen und nicht zuletzt mit Willensstärke unser Ziel am Ende auch zu erreichen.

Und so bereitete ich mich trotz der verletzungsbedingten Zwangspause, die sich bis in den September hinein hinzog, mental schon auf den K2 vor, den »Berg aller Berge«.

Juli 2001 | K2, 8.611 m (China/Pakistan)

Seitdem ich vor mehr als 25 Jahren meine Leidenschaft zum Beruf machen konnte und seither meinen Lebensunterhalt als Profibergsteiger verdiene, erfolgt meine Jahresplanung nach einem vergleichbaren wiederkehrenden Muster. In der Regel weiß ich bereits zum Jahreswechsel, welche Expeditionsziele ich im kommenden Jahr verfolgen werde, und so beginne ich mich schon zwischen den Jahren gezielt auf meine Vorhaben vorzubereiten. Meist liegen zu diesem Zeitpunkt die offiziellen Genehmigungen für die Besteigung der geplanten Gipfel längst vor und das Expeditionsteam wurde von mir bereits nominiert und informiert.

Dies hat den wesentlichen Vorteil, dass ich mich schon früh auf die spezifischen Anforderungen eines Expeditionsziels konzentrieren, fokussieren und meine physische wie mentale Vorbereitung darauf ausrichten kann. Erfordert mein Ziel besondere konditionelle Voraussetzungen wie beispielsweise für die Nonstop-Besteigung des Mount Everest, so verstärke ich vor allen Dingen mein Ausdauertraining. Plane ich hingegen eine Skiabfahrt durch eine Steilwand wie beispielsweise die Diamirflanke am Nanga Parbat, so suche ich nach schwierigen Rinnen und steilen Wänden, um meine Technik für dieses Vorhaben zu perfektionieren. Weist mein Ziel darüber hinaus hohe klettertechnische Anforderungen im Eis auf wie etwa bei der gigantischen Gletscherwüste am Kangchendzönga, so klettere ich vermehrt in den heimischen Eiswänden und an gefrorenen Wasserfällen. Meist erfordern meine Ziele aber eine gezielte Vorbereitung im Eis- und im Felsklettern, so dass ich mich dann vermehrt in großem kombinierten Gelände bewege und vorbereite.

Neben dem umfangreichen körperlichen Trainingsprogramm, das ich in dieser Phase gezielt intensiviere, beginne ich, mich nun auch verstärkt mit allen möglichen Aufstiegsrouten an den geplanten Bergen auseinanderzusetzen. Immer wieder analysiere ich den Berg auf Bildern, studiere brauchbare Aufzeichnungen vorangegangener Expeditionen und suche nach einer für mich geeigneten Aufstiegsroute.

Diese Planung stimme ich selbstverständlich mit meinem Team, den Kameraleuten und insbesondere mit meinem jeweiligen Gipfelpartner ab. Gleichzeitig informiere ich bereits zu diesem Zeitpunkt meine verschiedenen Ausrüstungspartner und Sponsoren über das geplante Vorhaben, um ihnen ebenfalls genügend Zeit für entsprechende Vorbereitungsmaßnahmen wie die Bereitstellung von Ausrüstungsmaterial einzuräumen. Von Mitte April bis in den Juni hinein befinde ich mich in der Regel auf Expedition, wobei ich viele meiner Ziele um den 15. Mai herum, in der Vormonsunzeit, erreiche.

In den Sommermonaten arbeite ich nach wie vor als Bergführer in den heimischen Alpen und Dolomiten. Diese Zeit genieße ich sehr, da ich in diesen Wochen die Expeditionen nochmals Revue passieren lassen und mich mit Freunden und Bekannten immer wieder austauschen kann. Dies dient vor allem der Nachbereitung und Festigung meiner Erfahrungen. Zwischendurch führe ich dann auch meine mittlerweile traditionellen 24- bzw. 36-Stunden-Wanderungen durch, die den Teilnehmern vermitteln sollen, wie viel Kraft meist noch im Körper steckt, auch wenn der Wille bereits zu brechen droht. In dieser Zeit plant und organisiert mein Büro bereits die winterliche Vortragstour durch mehr als 60 Städte, zumeist im deutschsprachigen Raum, und terminiert Interviews, Seminar- und Kongressteilnahmen sowie Buchbesprechungen und Sponsorenbesuche. Zeitgleich konzipieren Spezialisten aus Funk und Fernsehen meine aufwendigen Multivisionsshows, indem sie Bilder, Filmmaterial und andere Expeditionsdokumente für mich zusammenstellen, schneiden, vertonen und meinen Vorstellungen entsprechend gestalten.

Im Herbst, wenn die Tage schon merklich kürzer werden und erster Schnee die Täler in Südtirol bedeckt, starte ich schließlich zu meiner

Vortragstour, auf der mich meist mein langjähriger Freund und Kameramann Hartmann Seeber begleitet. In Sälen, die zwischen 300 und 4.000 Personen fassen, erzähle ich gerne von meinen Abenteuern an den höchsten Bergen der Welt. Im Rahmen dieser Veranstaltungen gebe ich den Zuhörern im Anschluss an meine Vorträge auch die Gelegenheit, persönliche Fragen an mich zu richten, Bücher signieren zu lassen und mit mir zu diskutieren. Viele wollen dann beispielsweise von mir wissen, worin ich denn selbst das Erfolgsgeheimnis meiner verschiedenen Expeditionen sehe. Meist erzähle ich dann von dem unerschütterlichen Optimismus, der mich und meine Partner bei unseren Expeditionen begleitet, und betone stets, wie wichtig es ist, auch in ausweglos erscheinenden Situationen am Berg positiv zu denken.

Aufmerksame Zuhörer haken dann aber unmittelbar nach und wollen wissen, ob und in welchen Situationen auch ich den Glauben an den erfolgreichen Abschluss einer Besteigung verloren hätte. Und dann berichte ich von zwei langen und harten Biwaknächten am K2, dem zweithöchsten Berg der Erde und sicherlich anspruchsvollsten Achttausender überhaupt.

Biwaknächte in Hochlagerzelten sind bei Expeditionen im Himalaja und Karakorum häufig unvermeidbar. Einerseits dienen sie der unumgänglichen Akklimatisierung in großer Höhe, andererseits stellen sie die erforderlichen Zwischenstationen auf dem Weg zum Gipfel dar.

Aber die Nächte in diesen genauso einfachen wie ungemütlichen »Behausungen« sind nicht unproblematisch. Oftmals liegt man in lotrechten Flanken bzw. kleinen Wandvorsprüngen, ausgesetzt wie ein Adlerhorst. Während man tagsüber klettert und sich voll auf den Aufstieg konzentriert, Routen auskundschaftet, schwierige und gefährliche Stellen am Berg sichert und sich so Meter um Meter an das Ziel heranarbeitet, versucht man, sich nachts von den Strapazen des Tages zu erholen und nach Möglichkeit ein wenig auszuspannen. Nach dem Aufbau des Zeltes, der Vorbereitung der Ausrüstung und einem mehr oder minder genüsslichen Abendmahl legt man sich alsbald hin, um Kraft zu schonen, Kraft für den anstrengenden Folgetag. In Abhängigkeit der äußeren Umstände gelingt dies mal besser, mal schlechter.

Als ich im Juli 2001 auf etwa 7.200 Metern alleine mein kleines ultraleichtes Zelt aufbaute, um mich in der Flanke des K2 für die spätere Gipfelbesteigung zu akklimatisieren, begann es bereits leicht zu graupeln. Besorgt stellte ich fest, dass sich da am Himmel etwas zusammenbraute, was auf eine harte Nacht hindeutete. Nach all der Schinderei des Aufstiegs und dem Aufbau des Zeltes begann ich mit der mühseligen Arbeit des Schneeschmelzens, um den Wasserverlust des anstrengenden Tages ein wenig auszugleichen. Schon bald begann es, stärker zu schneien, und ich kroch in mein kleines Zelt, um mich tief in meinen Schlafsack zu vergraben. Rasch wurde es dunkel, und der Schnee begann mir Sorgen zu bereiten. Immer wieder musste ich den Neuschnee von meinem Zeltdach abklopfen, um die Sauerstoffzufuhr zu gewährleisten. Natürlich wusste ich auch um die zunehmende Lawinengefahr in den steilen Flanken des K2, die mich aufgrund der Neuschneemengen von nun an begleiten würde.

Bleierne Müdigkeit machte sich in mir breit, doch richtig einschlafen konnte ich nicht. Während ich so vor mich hin döste, kamen immer wieder düstere Gedanken an meinen langen und beschwerlichen Weg zum K2 in mir auf. Sollte es vielleicht nicht sein, dass mir dieser Gipfel in meiner Bergsteigerkarriere gelingt? Warum fiel ausgerechnet jetzt wieder so viel Schnee, da ich noch nicht ausreichend akklimatisiert war und die Gefahr drohte, dass ein Abstieg für mich unmöglich sein würde, sofern sich das Wetter nicht besserte? Hier oben würde ich auch nicht lange bleiben können, dazu war mein Körper zu wenig an die Höhe angepasst. Ich fühlte mich in der Falle. Wieder einmal bereitete mir dieser Berg so viel Kopfzerbrechen.

Bereits 1994 hatte ich meine erste Expedition zum K2 geplant. Im Gegensatz zum Mount Everest, der abgesehen von der Höhe für einen Spitzenbergsteiger nur in wenigen Passagen technisch wirklich herausfordernd ist, ist der K2 durchgehend steil und schwierig und deshalb nur den besten Höhenbergsteigern als Ziel vorbehalten. Klettertechnisch ist er auch noch deutlich höher einzustufen als der Kangchendzönga, wobei der »Kantsch« – wie wir Bergsteiger den Kangchendzönga oft nennen – aber zweifelsohne auch sehr viel Erfahrungswissen an Achttausendern erfordert. Um die Dimension des K2 zu verstehen, muss man sich vorstellen, dass alleine das Matterhorn fast 40-mal in den K2 passt, so dass er die Bezeichnung »Berg aller Berge« nicht zu Unrecht trägt. Und so war mir spätestens nach meinen sieben erfolgreichen Achttausenderexpeditionen an der Seite Reinhold Messners klar, dass auch ich den schönsten und schwierigsten Achttausender früher oder später in Angriff nehmen würde.

Zur Vorbereitung bestieg ich 1994 mit meinem Kletterpartner Hans Mutschlechner den 8.048 Meter hohen Broad Peak, meinen bis dahin neunten Achttausender. Die Besteigung des Broad Peak verlief insgesamt relativ unproblematisch, so dass ich mich darin bestätigt fühlte und optimistisch war, im direkten Anschluss den K2 besteigen zu können. Leider wurde daraus aber nichts, da mir eine von der pakistanischen Regierung bereits erteilte Besteigungsgenehmigung kurzerhand wieder entzogen wurde. Der offizielle Grund dafür war, dass ich mich bereits in die Broad-Peak-Expedition der Spanierin Magda King »eingekauft« hatte und der Sprung in eine andere Expeditionsgruppe aus rechtlichen Gründen nicht erlaubt war. Alle Überredungsversuche bei den Behörden in Islamabad halfen nicht – eine Besteigung im Jahr 1994 sollte einfach nicht sein.

Nach meiner Nonstop-Besteigung des Mount Everest im Mai 1996 mit der anschließenden Skiabfahrt durch die Nordwand war mir klar, dass ich nun endlich die höchste bergsteigerische Herausforderung unter den Achttausendern angehen müsste, die Besteigung des K2. Und so plante ich für das Jahr 1998 die bereits erwähnte Trilogie aus Kangchendzönga, Manaslu und K2. Im Gegensatz zu 1994 verfügte ich in diesem Jahr bereits relativ früh über eine einwandfreie Besteigungsgenehmigung der pakistanischen Regierung, und so studierte ich fasziniert die geplante Aufstiegsroute über den »Abruzzengrat« auf Fotos, die ich im Rahmen meiner Broad-Peak-Expedition vom K2 machen konnte.

Exzellent vorbereitet und in ausgezeichneter körperlicher Verfassung bestieg ich also mit Konrad Auer zunächst den gewaltigen Kangchendzönga. Leider musste ich den Expeditionserfolg jedoch mit schweren Erfrierungen an allen Zehen des linken Fußes und leichteren Erfrierungen an vier Zehen des rechten Fußes bezahlen. Auf diese Weise wurde also auch in diesem Jahr die geplante Expedition zum K2 vereitelt, ohne auch nur einen Fuß am K2 gehabt zu haben. Eine Besteigung im Jahr 1998 sollte also ebenfalls nicht sein.

Unverdrossen kam ich nur ein Jahr später zurück, wieder mit Konrad Auer als Gipfelpartner, um die wunderbare Pyramide des K2 endlich zu bezwingen. Zur Akklimatisierung bestieg ich mit ein paar »Kunden« und Bekannten meiner Alpinschule Südtirol den 7.546 Meter hohen Muztagh Ata in der westchinesischen Provinz Sinkiang. Die Besteigung dieses formschönen Skiberges verlief relativ glatt, auch wenn nicht alle Teilnehmer den Gipfel erreichen konnten. Zumindest aber war diese Expedition für alle Teilnehmer ein schönes Erlebnis und für die meisten ein einmaliges Abenteuer. Meine Gäste flogen zurück nach Hause und ich fuhr auf dem Landweg ins Karakorum, zum K2.

Während ich mich auf dem Weg zum K2-Basislager befand, hatten Konrad Auer, Hartmann Seeber, Walther Lücker und Bernd Welz, ein Redakteur des Fernsehsenders Pro 7, dort bereits Stellung bezogen, um mit den Vorbereitungen für die Besteigung zu beginnen. Als ich wenige Tage später ebenfalls das 5.000 Meter hoch gelegene Basislager am Godwin-Austin-Gletscher erreichte, waren Konrad Auer und Hartmann Seeber schon einmal im vorgeschobenen Basislager auf 5.400 Metern gewesen, um unser Expeditionsmaterial zu deponieren und hatten darüber hinaus auf 6.000 Metern ein erstes Hochlagerzelt errichtet. Das Wetter, das sich nach meiner Ankunft verschlechtert hatte, wurde Mitte Juli wieder besser, und trotz eines tragischen Steinschlags, der den rumänischen Bergsteiger Mihai Cioroianu tötete, wollte ich nun endlich einen ersten ernsthaften Besteigungsversuch unternehmen.

Ziel war es, über den sogenannten Abruzzengrat die 3.600 Höhenmeter zwischen dem Basislager und dem Gipfel des K2 zu überwinden und damit der Route der italienischen Erstbesteiger Lino Lacedelli und Achille Compagnoni zu folgen, die am 31. Juli 1954 den Gipfel unter dramatischen Bedingungen erreichten. Ihnen gebührt meine ganze Hochachtung, insbesondere auch deshalb, da ich weiß, was es bedeutet, mit einfachster Ausrüstung einen Berg dieser Kategorie zu besteigen.

Mit dem Bewusstsein, dass der K2 seit mehr als 20 Monaten nicht mehr bestiegen worden war, starteten wir am frühen Nachmittag des 14. Juli 1999 und überwanden zügig den oberen Teil des insgesamt 62 Kilometer langen Baltorogletschers. Die erste Nacht auf 6.000 Metern verlief relativ ruhig, wobei sich aber bereits in den frühen Morgenstunden erste Windböen bemerkbar machten. Diese nahmen dann auf unserem Weg zum sogenannten »House-Kamin«, der ersten Schlüsselstelle am Berg, merklich zu, so dass wir uns immer wieder in den Windschatten der Flanken begaben, um an exponierten Stellen – im wahrsten Sinne des Wortes – nicht vom Grat geweht zu werden.

Den gesamten Tag über war es stürmisch gewesen, was unsere Arbeit am Berg enorm erschwerte. Zudem trafen wir immer wieder auf altersschwache Fixseile vorangegangener Teams. Wir entdeckten Hanfseile früher K2-Expeditionen, leichtere Perlonseile aus den 70er und 80er Jahren sowie moderne Kevlarseile aus der jüngeren Vergangenheit. Da wir den alten Fixseilen nicht trauten, gleichzeitig aber zügig vorankommen wollten, kletterten wir lange Passagen frei, das heißt ohne Sicherung, so dass wir schließlich froh waren, als wir gegen 16 Uhr unseren Biwakplatz auf einer Höhe von etwa 7.400 Metern erreicht hatten.

Obgleich der Tag schon aufgrund der Witterungsbedingungen äußerst kräfteraubend war, waren wir zuversichtlich, am folgenden Tag die »Schulter« auf 8.000 Metern erreichen zu können, insbesondere auch deshalb, weil wir am Nachmittag bereits die »Schwarze Pyramide«, eine zweite zentrale Schlüsselstelle auf unserem Weg zum K2-Gipfel, bezwungen hatten.

Die zweite Nacht war bitterkalt, schätzungsweise minus 35 Grad. Dafür wurden wir aber am Morgen durch einen wunderschönen Sonnenaufgang entschädigt, der das atemberaubende Panorama der umliegenden Gipfel in ein weiches, rötliches Licht färbte.

Trotz des besseren Wetters hatten wir nun mit einem neuerlichen Problem zu kämpfen: Hüfthoher Schnee erschwerte uns den Aufstieg bis zur sogenannten »Schulter« doch ganz erheblich. Aber auch diese Hürde überwanden wir, obgleich uns dieser Tag wieder enorm viel Energie gekostet hatte.

Früh, gegen 5 Uhr, verließen wir am darauffolgenden Morgen unser Zelt und erreichten schon bald den 65 Grad steilen »Flaschenhals«, die dritte und letzte Schlüsselstelle auf unserem Weg zum Gipfel. Diese Rinne ist klettertechnisch kein gravierendes Problem, aber sie ist gefährlich, da riesige Seracs das Gelände säumen. Bricht einer dieser Seracs, so hat man keine Chance, dem Eisbruch auszuweichen, da die Aufstiegsroute in der direkten Falllinie verläuft. Gegen 8 Uhr hatten wir auch diese heikle Stelle gemeistert, so dass »nur« noch eine Querung und der Gipfelaufbau vor uns lagen. Die größten technischen Schwierigkeiten lagen zu diesem Zeitpunkt hinter uns, und so begann ich langsam, an unseren Expeditionserfolg zu glauben. Irrtümlicherweise – wie sich herausstellen sollte. Denn was nun folgte, war »die weiße Hölle«. Ungeheure Schneefluten verhinderten ein Vorankommen jeglicher Art. Unsere Kräfte wurden im Schnee geradezu pulverisiert. Etwa 170 Höhenmeter unter dem Gipfel wühlten wir uns fest.

Krampfhaft suchte ich nach einem Ausweg, analysierte immer wieder unsere Situation, bis ich schließlich zur grausamen Erkenntnis gelangen musste, dass wir nur noch umkehren konnten. Eine Besteigung im Jahr 1999 sollte nicht sein, obgleich wir dem Gipfel so nahe gekommen waren.

Der vierte Besteigungsversuch erfolgte erneut im darauffolgenden Jahr. Und wieder schrieb die Alpinschule Südtirol eine Expedition aus, die mich und meine Gäste zum noch unbestiegenen 6.206 Meter hohen Thang Ri führte, was soviel heißt wie »steiler Berg«. Da Erstbesteigungen naturgemäß immer viel Unbekanntes mit sich bringen, begleiteten mich dieses Mal meine beiden Kollegen Hans Mutschlechner und Konrad Auer, der wie ich die Expedition dazu nutzen wollte, um sich bestmöglich auf die Besteigung des K2 vorzubereiten. In der Tat gelang es acht von sechzehn Bergsteigern, den Gipfel zu erreichen, so dass ich diesen Erfolg als gutes Omen für meinen neuerlichen Besteigungsversuch am K2 wertete.

Im Gegensatz zum Vorjahr plante ich 2000 eine Expedition auf der »Cesen-Route«. Diese sollte mir die Möglichkeit geben, mit Skiern abzufahren, was am Abruzzengrat nur teilweise machbar ist, da dieser kein durchgängiges Schneeband vom Gipfel bis ins Basislager aufweist. Im Vorjahr konnte ich ab einer Höhe von etwa 6.400 Metern durchgängig abfahren.

Rasch erreichten wir auch in diesem Jahr die 8.000-Meter-Marke und stiegen von dort ins Basislager ab, um uns auf den finalen Gipfelgang vorzubereiten. Was folgte, war eine Schlechtwetterphase von sage und schreibe zweiundzwanzig aufeinanderfolgenden Tagen. Desillusioniert und völlig enttäuscht verließen wir schließlich das Basislager. Eine Besteigung im Jahr 2000 sollte wiederum nicht sein.

All diese gescheiterten Expeditionen drängten sich nun also wieder in mein Bewusstsein, als ich am 13. Juli 2001 alleine in meinem Zelt auf 7.200 Metern Höhe lag. Entnervt hoffte ich bald nur noch, dass wenigstens dieser fürchterliche Schneefall nachlassen würde, um mir zumindest einen einigermaßen geordneten Rückzug zu ermöglichen. Aber es schneite unaufhörlich weiter, so dass sich meine Stimmung zusehends eintrübte. Stück für Stück verlor ich meinen Optimismus und den Glauben, am K2 jemals erfolgreich sein zu können. Die Zweifel in mir wurden stärker und stärker, und im Gegensatz zu meinen bisherigen Versuchen war ich dieses Mal mutterseelenallein am Berg. Konrad Auer wollte mich als angehender Vater aus nachvollziehbaren Gründen nicht mehr begleiten. Und so fühlte ich mich in dieser Situation noch ohnmächtiger und kleiner als in früheren, vielleicht vergleichbaren Situationen an der Seite eines erfahrenen Seilpartners.

Es gelang mir einfach nicht, meine düsteren Gedanken zu verdrängen und mich an positiveren Erlebnissen zu orientieren, um diese Nacht guten Mutes zu überstehen. Aber je mehr ich mich bemühte, desto klarer wurde mir, dass ich nicht mehr Herr meiner Gedanken war. Immer wieder hatte ich die zerrissene Leiche vor Augen, auf die ich am Einstieg zur Cesen-Route gestoßen war. Obgleich ich auf meinem langen Weg zum K2 und als jahrzehntelanges Mitglied der Bergrettung schon wiederholt auf tote Bergsteiger getroffen war, so war der Anblick des zerfetzten Rumpfes am heutigen Morgen so ziemlich das Härteste, was ich jemals gesehen hatte.

Als die quälend lange Nacht endlich vorüberging, musste ich enttäuscht feststellen, dass ein Abstieg an diesem Tag unmöglich war. Es schneite immer weiter, den ganzen Tag und eine weitere Nacht, so dass an einen risikolosen Abstieg nicht zu denken war. Mittlerweile wollte ich nur noch eins: unbeschadet von diesem unnachgiebigen Berg herunterkommen, um nie wieder zurückzukehren. Meine Moral war am Ende, auch im Jahr 2001 sollte eine Besteigung wohl nicht sein.

Als es schließlich am frühen Morgen des dritten Tages doch noch zu schneien aufhörte, packte ich blitzschnell meine sieben Sachen zusammen und stieg vorsichtig Schritt für Schritt ins Basislager ab. Dort teilte ich den übrigen Expeditionsmitgliedern meine Entscheidung mit und begab mich geistig bereits auf die Rückreise. Doch noch am selben Abend suchte mich der französische Felsspezialist und Spitzenbergsteiger Jean-Christophe Lafaille auf, um mir an seiner Seite einen erneuten Besteigungsversuch des K2 anzubieten.

Rasch stellte sich heraus, dass er dieselbe Besteigungstaktik wählen wollte wie ich: in einem Zug bis auf eine Höhe von 7.200 Metern, dann weiter bis zur »Schulter« auf 8.000 Metern und am dritten Tag auf den Gipfel. Gesagt, getan!

Am 20. Juli verließen wir gemeinsam das Basislager und erreichten auch in der Tat noch am selben Tag das Hochlager auf 7.200 Metern. Dort trafen wir mit zwei weiteren Mitgliedern unseres Teams zusammen, die mit uns am folgenden Tag bis zur »Schulter« kletterten. Der Zufall wollte es, dass ich dort oben auf das eingeschneite Zelt und meine Ski aus dem Vorjahr stieß, die Konrad Auer und ich damals zurückgelassen hatten, als wir zur Erholung ins Basislager abstiegen, um dann zweiundzwanzig Tage lang keine neue Besteigungschance mehr zu erhalten. Nun war ich also hier oben und hatte plötzlich zwei Paar Skier zur Verfügung, die aus dem letzten Jahr und die, die ich heuer mit nach oben schleppte – ausgerechnet ich, der vehementeste Verfechter von minimalem Expeditionsgepäck!

Am nächsten Morgen brachen wir dann zeitig auf, um auch schon bald wieder den mir aus dem Jahr 1999 bekannten Einstieg zum »Flaschenhals« zu erreichen. Die Abruzzen- und die Cesen-Route münden auf der »Schulter« in 8.000 Meter ineinander, so dass ich wenigstens einigermaßen einschätzen konnte, was in den folgenden Stunden auf mich zukommen würde.

Unsere beiden anderen Teammitglieder waren mittlerweile umgekehrt, und obwohl sie bestens akklimatisiert schienen, hatten sie bei den Vorbereitungsarbeiten am Berg wohl zu viel Energie verloren.

Mühsam kämpften wir uns den »Flaschenhals« hinauf, um am späten Vormittag jene Querung in Angriff zu nehmen, die aufgrund ungeheurer Neuschneemassen unseren Gipfelerfolg im Jahr 1999 vereitelt hatte. Und erneut versanken wir bis zu den Oberschenkeln im Schnee. Die Verhältnisse waren nur geringfügig besser als bei unserem Abbruch, aber das genügte, um unseren Weg fortsetzen zu können.

Und so begannen wir, »maulwurfartig« den Schnee mit unseren Händen zur Seite zu schieben und uns zentimeterweise nach oben zu wühlen.

Meter um Meter, Stunde um Stunde mühten wir uns so durch den Pulverschnee, bis die Steilheit endlich ein wenig nachließ und der ultimativ höchste Punkt des zweithöchsten Berges der Welt in unser Blickfeld rückte. Mehr als vier Stunden hatten wir für die letzten 160 Höhenmeter benötigt, als wir gegen 14.30 Uhr Ortszeit schließlich den 8.611 Meter hohen Gipfel des K2 erreichten. Glücklich lagen wir uns in den Armen, machten ein paar Erinnerungsfotos und stiegen vorsichtig bis zu unserem Hochlager auf der »Schulter« ab, das wir vor mehr als elf Stunden verlassen hatten.

Extrem- und Spitzenleistung

Meine Expeditionen zum Kangchendzönga und K2 sollen nicht nur die Expeditionserfolge, sondern auch den mühsamen und zuweilen einsamen Weg auf die höchsten Berge der Welt dokumentieren. Da ich gelegentlich den Eindruck gewinne, dass viele davon ausgehen, die Bergwelt sei *immer nur* schön und das Leben eines Höhenbergsteigers *einfach nur spannend,* dem sollen diese kurzen Expeditionsberichte vom Kangchendzönga und K2 vermitteln, wie viel Arbeit und Disziplin hinter solchen Leistungen steckt.

Reportagen und Hintergrundberichte in Hochglanzmagazinen, auf Videos und im Fernsehen vermitteln zumeist den Wohlstand und die Popularität, die uns unsere Expeditionen einbrachten. Seltener – und wenn, dann deutlich kürzer – dokumentieren sie schmerzhafte Erfahrungen wie den Absturz von Freunden und Kollegen, die vielen Hürden, die es auf dem Weg zum Gipfel zu überwinden gilt, und die umfangreichen Vorleistungen, die wir im Rahmen unserer Besteigungen erbringen müssen – ideell wie finanziell.

Meist konzentriert sich die Berichterstattung von unseren Expeditionen in erster Linie auf jene Faktoren, die unmittelbar der Extremleistung dienen. Und zweifellos gehören heute eine kohlehydrathaltige Ernährung aus der Raumfahrtindustrie genauso zu unserem Equipment wie ultraleichte Kevlarseile, die mehr als drei Tonnen Gewicht aufnehmen können. Aber das ist eben nur die eine Seite des Lebens als Höhenbergsteiger.

Die andere Seite besteht aus äußerst diszipliniertem und nie endendem Training, auch bei widrigsten Witterungsumständen. Der Ruhepuls, das Lungenvolumen und andere körperliche Voraussetzungen, die im Rahmen von Expeditionen immer mal wieder von Ärzten für hochalpine Medizin erfasst und dann öffentlichkeitswirksam kommuniziert werden, sind lediglich das Ergebnis einer äußerst konsequenten physischen Vorbereitung. Und so ist die Extremleistung auch nur das Endergebnis einer Spitzenleistung, die wir das gesamte Jahr über erbringen müssen, um über genügend Kraft und Energie zu verfügen, wenn es in besonders schwierigen Situationen darauf ankommt.

Dazu kommen viele organisatorische und administrative Aufgaben wie die Beschaffung von Besteigungsgenehmigungen, Vereinbarungen mit Sponsoren, Vorträge und Seminare, PR- und Marketingaufgaben und vieles, vieles mehr. Die oftmals anspruchsvolle und gefährliche Vorbereitung des Berges für den endgültigen Besteigungsversuch erfordert nicht selten genauso viel Kraft und Energie wie der finale Aufstieg auf den Gipfel.

Mein Weg auf die dreizehn Achttausender war in Summe von fast genauso vielen Misserfolgen und Rückschlägen gekennzeichnet wie von Erfolgen. Vom Kangchendzönga kehrte ich mit schweren Erfrierungen an meinen Zehen zurück, die mich geraume Zeit befürchten ließen, überhaupt nicht mehr zu den höchsten Bergen der Welt zurückkehren zu können. Für den K2 benötigte ich insgesamt fünf Anläufe, die mir viel Geld und noch mehr Nerven raubten, aber der Berg ließ mich einfach nicht los. Natürlich kostet es zum Teil große Überwindung, diese Niederlagen wegzustecken, aber letztlich konnte ich mich immer wieder aufs Neue motivieren, am Berg mein Bestes zu geben.

Entscheidend war in diesen Phasen, vor allen Dingen *positiv* zu denken, da negative Gedanken zerstörerisch und kontraproduktiv wirken. Deshalb habe ich mich nie auf die Probleme konzentriert, sondern auf die Chancen, die sich an den jeweiligen Bergen boten. Aus diesem Grund bin ich auch stets mit Partnern unterwegs, die nicht nur professionell ihr Handwerk verstehen und betreiben, sondern darüber hinaus stets positiv denken.

Bergsteiger, die sich in schwierigen Situationen selbst bemitleiden, können langfristig nicht erfolgreich sein. Nur jene, die sich ihrer Stärken voll bewusst sind und auch unter widrigsten äußeren Umständen Spitzenleistungen abrufen können, werden auf Dauer überdurchschnittliche Ergebnisse erzielen. Dies setzt diszipliniertes Training und eine konsequente Vorbereitung voraus, um selbstbewusst und ausreichend gelassen auch den extremsten Situationen am Berg begegnen zu können. Denn nur optimale physische Voraussetzungen können das Selbstbewusstsein entscheidend steigern und die Psyche stärken.

Expeditionen im Alpinstil, ohne Zuhilfenahme künstlichen Sauerstoffs und ohne kilometerlange Fixseile, setzen ein hohes Maß an mentaler

Kraft voraus. Nur wer sich seiner Fähigkeiten sicher ist, wird auch an den exponiertesten Stellen jeden Handgriff routiniert ausführen, selbst dann, wenn Kälte, Wind, Schnee und drohendes Unwetter die Aufgabe erschweren. Dann trennt sich im Höhenbergsteigen die Spreu vom Weizen.

Stärken, Training und Resultate

Hans Kammerlanders Ausführungen zu seinen bemerkenswerten Leistungen am Kangchendzönga und K2 vermitteln unmissverständlich und klar, dass sie das Ergebnis mühevoller Arbeit sind und nicht nur auf seinem außergewöhnlichen Talent beruhen. Sie zeigen darüber hinaus, welche Faktoren der Südtiroler Extrembergsteiger für entscheidend hält, um immer und immer wieder derartige Spitzenleistungen erbringen zu können. Diese lassen sich folgendermaßen resümieren:

1. Hans Kammerlander kennt seine Stärken sehr genau und konzentriert sich und sein Handeln kompromisslos darauf. Erfordern bestimmte Anforderungen im Rahmen seiner Expeditionsziele besondere Fähigkeiten, so trainiert er diese bereits im Vorfeld intensiv.
2. Diszipliniertes und konsequentes Training ist das Fundament seiner herausragenden Leistungen.
3. Positives Denken hält Hans Kammerlander für eine unabdingbare Grundvoraussetzung, um bei Misserfolgen und Rückschlägen nicht in zerstörerischem Selbstmitleid zu verharren, sondern neue Lösungen zu finden und Chancen zu nutzen.
4. Chancen- statt Problemorientierung hält er für einen entscheidenden Erfolgsfaktor, um herausragende Leistungen überhaupt realisieren zu können.
5. Erscheinen Probleme allerdings unüberwindbar, weil die Gefahren zu groß sind oder die Lage aussichtslos ist, so scheut sich Hans Kammerlander nicht, umzukehren – auch wenn er nur wenige Meter vom Gipfel entfernt ist. Solche Entscheidungen erfordern Erfahrungswissen, Urteilsfähigkeit und Selbstbewusstsein.

Hans Kammerlanders Spitzenleistungen an den höchsten Bergen der Welt sind natürlich nicht unmittelbar vergleichbar mit jenen von Führungskräften der Automobilindustrie, aber die dahinterliegende Logik ist die gleiche.

Auch wenn die Resultate eines Automobilmanagers weniger greifbar sind, so wird auch dieser nur dann fortwährend Spitzenleistungen und hervorragende Ergebnisse erzielen können, wenn er sich auf seine Stärken und die seines Unternehmens konzentriert. Die Fokussierung auf die Stärken ist aber nur ein Schlüssel zum Erfolg.

Ebenso wichtig ist es zweifelsohne, die Fähigkeiten des Unternehmens stetig weiterzuentwickeln, da diese die Grundlage guter Resultate darstellen. Um diese Weiterentwicklung ziel- und ergebnisorientiert umsetzen zu können, ist es für Manager bedeutsam, nicht nur reaktiv als »Trouble-shooter« zu fungieren, sondern aktiv Chancen zu erkennen und diese für das Unternehmen nutzbar zu machen. Dies kann und wird in der industriellen Praxis nicht immer gleichermaßen gelingen, und folglich ist es erforderlich, auch aus Niederlagen zu lernen und bei Rückschlägen positiv und vorwärtsorientiert zu denken.

Die Identifikation und Bewertung von Chancen erfordern Intuition und Intelligenz, Rationalität und Willenskraft. Somit sind die Voraussetzungen einer erfolgreichen Geschäftsentwicklung, nämlich von der Idee zum Geschäftsmodell und schließlich zum Unternehmenserfolg zu gelangen, in verschiedenster Hinsicht mit jenen des Höhenbergsteigers vergleichbar. Denn die erfolgreiche Entwicklung eines Unternehmens zeigt sich in der disziplinierten Durchsetzung attraktiver Geschäftsideen und einer entsprechend konsequenten am Markt orientierten Unternehmensentwicklung. Ein Manager, der beim ersten Rückschlag hadert und zweifelt, weil er sich seines Könnens und seiner Strategie nicht hundertprozentig sicher ist, wird weniger konsequent seinen Weg verfolgen, und die Gefahr, tatsächlich zu scheitern, steigt enorm.

Von der Konzeption bis zum realisierten Unternehmenserfolg ist in der Regel ein langer und harter Weg zu beschreiten, der viel Arbeit und Energie fordert. Die Spitzenleistung steht meist erst am Ende dieses Weges, so dass es die Aufgabe des Managements ist, den jeweils kürzesten, nach Möglichkeit unmittelbaren Weg zu finden – die »Direttissima« zum Erfolg.

Da die Automobilindustrie zu den wettbewerbsintensivsten Branchen zählt, gilt dieser Zusammenhang hier in besonderem Maße. Die richtigen Ideen, effiziente Projekte, kalkulierbare Risiken und nicht zuletzt hervorragende Realisierungsfähigkeiten sind Grundvoraussetzungen, um Spitzenleistungen in der Automobilindustrie erbringen zu können. Diese Grundvoraussetzungen erfordern die richtige geistige Einstellung zur Arbeit und einen effektiven und effizienten Einsatz der zur Verfügung stehenden Energie.

Arbeit, Energie und Leistung

Es ist bemerkenswert und erstaunlich zugleich, wie leichtfertig und unüberlegt im deutschen Sprachgebrauch bisweilen mit so bedeutsamen Begriffen wie Arbeit, Energie und Leistung umgegangen wird. Die Selbstverständlichkeit, mit der vor allem sogenannte »Managementgurus« und Motivationstrainer diese Begriffe nicht selten irreführend einsetzen, um unterschiedliche Zusammenhänge in der industriellen Praxis »verständlich« und damit »greifbar« zu machen, ist teilweise ernüchternd. Da werden Arbeit mit Leistung gleichgesetzt, Erschöpfung und »Burnout« als Energieverlust bezeichnet und industrielle Leistung auf das wirtschaftliche Resultat reduziert.

Dies führt zwangsläufig zu Ungenauigkeiten und Missverständnissen in der Kommunikation, obgleich die Begriffe in der Physik bereits eindeutig definiert wurden und sich die entsprechenden Gesetzmäßigkeiten auch relativ einfach auf andere Bereiche und Zusammenhänge übertragen lassen. Die Transformation dieser Begriffe aus der Physik in die Welt des Höhenbergsteigens bzw. des Managements lässt sich folgendermaßen darstellen.

Arbeit

Unter Arbeit versteht die Physik das Produkt aus Kraft und Weg. Wenn also eine Kraft einen Körper um einen bestimmten Weg verschiebt, so verrichtet sie am Körper Arbeit. Insofern vollbringt Hans Kammerlander im Rahmen seiner Bergbesteigungen Arbeit im ursprünglichen physikalischen Sinne. Dabei ist der Weg, den er zur Erreichung seines Ziels zurücklegt, natürlich nie gleich, sondern in Abhängigkeit des Bergprofils höchst unterschiedlich. Genauso unterschiedlich ist in Abhängigkeit des Ziels auch die einzusetzende Kraft, um auf unterschiedlich anspruchsvollen Wegen zum Gipfel zu gelangen.

Die Arbeit, die Hans Kammerlander verrichtet, um sein jeweiliges Ziel zu erreichen, hängt aber nicht nur von der Steilheit des Geländes und dem spezifischen Profil seiner gewählten Routen ab, sondern natürlich auch vom zur Verfügung stehenden Sauerstoff, der bekanntermaßen mit zunehmender Höhe abnimmt. Die physikalische Einheit der Arbeit ist Joule und resultiert folglich aus dem Produkt der Einheiten Newton (Kraft) und Meter (Weg).

Dieser grundsätzliche physikalische Zusammenhang ist für einen Höhenbergsteiger deutlich einfacher nachzuvollziehen als für einen Manager. Selbstverständlich arbeitet dieser in einer völlig anderen Art und Weise, so dass Kraft und Weg nicht unmittelbar dem physikalischen Wortsinn entsprechen. Die Arbeit eines Managers ist von anderen Tätigkeiten gekennzeichnet, die von Planungsaufgaben über strategische Konzepte und Organisationsmodelle bis hin zur Leistungsbewertung seiner Mitarbeiter reichen.

Was allerdings Höhenbergsteiger und Manager gemeinsam haben sollten, ist die ordentliche und präzise Erledigung ihrer Aufgaben. Dabei ist es entscheidend, dass einem die Aufgaben nicht über den Kopf wachsen, damit sie konzentriert, sorgfältig, zuverlässig und korrekt abgearbeitet werden können. Die Automobilindustrie – wie in Kapitel I bereits ausführlich beschrieben – gehört derzeit sicherlich zu den dynamischsten Branchen der westlichen Welt, da aufgrund der Marktsättigung in der Triade Innovationsdruck, Komplexitätsbeherrschung und Effizienzsteigerung auf der Tagesordnung jedes Managers stehen. Um diese übergeordneten Aufgaben ziel- und ergebnisorientiert bewältigen zu können, ist es wesentlich, auch unter Druck richtig zu entscheiden, wirksam zu führen und effizient zu organisieren.

Zur Erfüllung dieser Aufgaben stellen Kraft und Ausdauer wesentliche Grundvoraussetzungen dar, da die Wege zu mess- und beurteilbaren Resultaten auch in der Industrie häufig weit und mühsam sind. Und analog zum Höhenbergsteiger müssen sich auch Manager an ihren Ergebnissen messen lassen, die sie nicht nur für sich selbst, sondern letztendlich für das gesamte Unternehmen verantworten.

Energie

Unter Energie versteht die Physik die Fähigkeit eines Körpers, Arbeit zu verrichten. Die Energie ist also das Arbeitsvermögen, das zur Verfügung steht, um beispielsweise einen Körper zu beschleunigen, um ihn auf eine bestimmte Geschwindigkeit zu bringen. In diesem Fall spricht man dann von kinetischer oder Bewegungsenergie.

Die physikalische Einheit von Energie ist ebenfalls Joule. Aber im Gegensatz zur Physik, in der Energie bestimmbar ist und somit einen definierten Zustand beschreibt, lassen sich energetische Betrachtungen für den menschlichen Körper bislang nicht in analoger Weise bestimmen. Obgleich die Erforschung menschlicher Energiefelder noch in den Kinderschuhen steckt, wird der Begriff doch schon seit geraumer Zeit immer wieder angeführt.

Menschen, die wie Hans Kammerlander Spitzenleistungen in einer bestimmten Disziplin erbringen und somit zur Elite ihrer Zunft zählen, wird häufig ein höheres Energiepotential zugeschrieben als anderen. Grundsätzlich erscheint diese Betrachtung auch durchaus plausibel und nachvollziehbar, da bereits Albert Einstein mit seiner Formel $E = mc^2$ einen Zusammenhang zwischen Energie und Materie herstellte, der wohl auch auf die energetischen Funktionsabläufe des Menschen übertragbar ist. Da Einsteins Formel aber letztlich nur einen allgemeinen Wirkungszusammenhang beschreibt und menschliche Energiepotentiale bis heute nicht zweifelsfrei messbar sind, halte ich es für richtig, ein anderes Kriterium von Spitzenleistung in den Mittelpunkt der nachfolgenden Betrachtungen zu stellen: nämlich die ausschließliche Fokussierung auf klar definierte Ziele und die volle Konzentration auf deren Realisierung.

Die Fokussierung und Konzentration aller Energie auf eine bestimmte Aufgabe, eine Sache oder ein Problem ist unabdingbar, wenn es darum geht, herausragende Resultate zu erzielen. Das gilt für den Höhenbergsteiger Hans Kammerlander in besonderem Maße, da er sich bei seinen Expeditionen ausschließlich in Konkurrenz mit sich selbst und »dem Berg« und nicht mit anderen befindet. Das bedeutet unter anderem, dass er sich stets selbst motivieren muss. Die für Spitzenleistungen dieser Art erforderliche psychische und physische Energie ist enorm und mit den Anforderungen an einen Industriemanager auf den ersten Blick nicht direkt vergleichbar.

Fest steht allerdings, dass auch Industriemanager bessere Resultate erzielen, wenn sie sich jeweils auf eine Aufgabe voll konzentrieren und mit der entsprechenden Konsequenz an ihren Zielen arbeiten. Selbstverständlich haben Führungskräfte in der Regel mehr als eine Aufgabe zu erledigen, und häufig ist es gerade die Kunst des Verknüpfens von Ideen und Inhalten, die zum Erfolg führt (Steve Jobs). Nichtsdestotrotz können auch Manager immer nur eine Aufgabe voll konzentriert wahrnehmen. Die kompromisslose Fokussierung auf die jeweils unmittelbar vor ihm liegende Aufgabe ist in jedem Fall ein wesentlicher Erfolgsfaktor Hans Kammerlanders, der zweifelsohne auch für Manager Gültigkeit besitzt.

Eine wesentliche Grundvoraussetzung, die überhaupt erst die volle Konzentration auf eine Aufgabe möglich macht, ist eine ebenso klare wie präzise Zieldefinition. Im Gegensatz zum Höhenbergsteigen, wo der erreichte Gipfel für jedermann als Resultat mess- und beurteilbar ist, sind die Ergebnisse von Managern meist weniger einschätzbar – oftmals nicht einmal von den Managern selbst.

Dies liegt unter anderem daran, dass Ziele häufig nicht präzise, verständlich und ausreichend prägnant formuliert werden. Darüber hinaus gibt es für das Verfehlen von Zielen meist eine Vielzahl von Gründen, die im Nachhinein meist gar nicht mehr nachvollziehbar sind. Deshalb sollten bei der Beurteilung von Resultaten nicht nur die ursprünglichen Ziele mit den erreichten Ergebnissen verglichen werden (Soll/Ist), sondern auch alle realisierten Maßnahmen und eingesetzten Ressourcen, die der Zielerreichung dienten, Gegenstand der Ergebnisanalyse sein. Diese Betrachtung ist zielführend, um die Konzentration eines Managers auf eine wichtige Aufgabenstellung zu erfahren. Sie zeigt also die Fähigkeit eines Managers, seine Arbeit zu verrichten, und lässt damit Rückschlüsse auf die Energie zu, die zur Erreichung eines Ziels zur Verfügung gestellt wurde.

Da Führungskräfte in der Regel mehrere Ziele zu verfolgen haben, erfährt man auf diese Weise auch schnell etwas über die Effektivität und Effizienz eines Managers, also etwas darüber, ob er für das Unternehmen *die richtigen Dinge* tut und die Dinge auch *richtig tut.*

Leistung

Unter Leistung versteht die Physik das Verhältnis einer verrichteten Arbeit zur dazu benötigten Zeit. Die physikalische Einheit der Leistung ist Watt und resultiert folglich aus dem Quotienten der Einheiten Joule (Arbeit) und Sekunde (Zeit). Damit ist auch die Leistung eines Höhenbergsteigers eindeutig bestimmbar. Als Hans Kammerlander im Mai 1996 den 8.846 Meter hohen Mount Everest vom vorgeschobenen Basislager aus in 16 Stunden und vierzig Minuten bestieg, erbrachte er eine absolute Spitzenleistung, die vor ihm noch keiner realisieren konnte. Sein Leistungspotential, das er bei dieser Expedition unter Beweis stellen konnte, sorgte dann auch in der breiten Öffentlichkeit für großes Aufsehen und kann als ein wesentlicher Meilenstein seiner Karriere als Profibergsteiger bezeichnet werden.

Die strikte Konzentration auf seine Stärken im Höhenbergsteigen, ungeheurer Fleiß und eine geradlinige Zielverfolgung haben ihm diese Leistung ermöglicht. Seine Ausdauer, Kraft und Beweglichkeit sind auch Hans Kammerlander nicht angeboren, sondern das Ergebnis harter Arbeit, und es wäre ein Trugschluss zu glauben, das Training habe ihm zu jedem Zeitpunkt Spaß bereitet. Letztlich aber sind die Spitzenleistungen, die dann von der Öffentlichkeit wahrgenommen werden, nur der Beweis seiner Fähigkeiten, die er sich in unzähligen Tagen aufreibenden Trainings erarbeitet hat.

Es steht außer Frage, dass auch von Managern Spitzenleistungen erwartet werden können. Sie stehen an der »Spitze« und im Mittelpunkt ihrer jeweiligen Unternehmen, verfügen über alle erforderlichen Kompetenzen (Befugnisse) und haben in der Regel höhere Gehälter. Dafür tragen sie die Verantwortung der Unternehmensentwicklung, die leider schwieriger zu beurteilen ist als die Besteigung eines Berges. Die Frage, in welcher Zeit welche Resultate erzielt werden konnten, wird meist über betriebswirtschaftliche Kennzahlen beantwortet, die nicht einmal ansatzweise der tatsächlichen Leistungsbeurteilung eines Managers dienen. Denn Manager haben nicht nur die Aufgabe, dafür zu sorgen, dass die aktuelle Umsatz- und Ertragskraft eines Unternehmens stimmt, sondern vor allem dafür, dass künftige Erfolgspotentiale gezielt ermittelt und entwickelt werden. Diesbezüglich helfen Bilanzfaktoren, Gewinn- und Verlustrechnungen, Cashflow-Analysen und andere Werkzeuge des Finanzmanagements nur wenig.

Vielmehr kommt es bei der Entwicklung künftiger Erfolgspotentiale auf die richtige Vision und Strategie an und auf Unternehmensstrukturen und Fähigkeiten, die dem Ziel, auch langfristig erfolgreich sein zu können, unmittelbar dienen. Die Bewertung solcher qualitativer Kriterien ist nicht einfach, so dass die Gesamtleistung eines Unternehmens häufig mit dem Umsatz und der Bestandsveränderung in einer zeitlich abgegrenzten Periode gleichgesetzt wird. Verglichen wird diese Leistung dann mit der ursprünglichen Planung, und schon ist eine wesentliche Kennzahl bekannt, die zeigt, ob ein Manager erfolgreich agiert oder nicht.

Subtrahiert man dann von dieser Gesamtleistung noch den Zukauf von Waren sowie externem Personal und alle sonstigen Kosten wie Mieten, Geschäftsfahrzeuge, Büromaterial und vieles mehr, so erhält man das Betriebsergebnis des Unternehmens. Dieses wird ebenfalls der Planung gegenübergestellt, und schon liegt eine zweite Kennzahl vor, die zeigt, ob ein Manager das Unternehmen erfolgreich führt oder nicht.

Manchen Analysten reichen bereits diese beiden Kennzahlen, um die Leistungsfähigkeit und den Erfolg eines Managers zu beurteilen, andere beschäftigen sich noch mit dem Liquiditätsmanagement, der Eigenkapitalquote, dem Working Capital, dem Gesamtkapitalumschlag, der Anlagendeckung und vielen weiteren Finanzkennzahlen, um die Arbeitsergebnisse eines Managers zu bewerten. Die wenigsten allerdings beurteilen die gezielte Entwicklung künftiger Erfolgspotentiale, strategische Anpassungsleistungen an die Erfordernisse des Marktes oder eine zielorientierte Organisationsentwicklung.

Dieses ist genauso falsch wie unverständlich, da bereits Aloys Gälweiler die wesentlichen Orientierungsgrundlagen benannte, die Unternehmen auch in turbulenten Zeiten führbar machen. Und folgerichtig stellte er die zeitliche Wirkung von allen unternehmerischen Steuerungsgrößen in den Mittelpunkt seiner Betrachtungen. Er resümiert, dass die Entwicklung neuer Märkte sowie die Realisierung neuer technischer Lösungen als Kernaufgabe des Managements zu verstehen sind. Das integrale Steuerungssystem Gälweilers zeigt die Bedeutung zukünftiger Entwicklungspotentiale im gesamten Wirkungsgefüge eines Unternehmens.[9]

Wie Organisationen in der Automobilindustrie entwickelt und vor allem wirksam implementiert werden können, zeigt das nachfolgende Beispiel eines Entwicklungsdienstleisters, der seit 1968 für die Automobilindustrie arbeitet und bereits als »Best practice« im ersten Kapitel herangezogen wurde. Aufgrund eines schwierigen Marktumfeldes, das ebenfalls im ersten Kapitel bereits ausführlich beschrieben wurde, entwickelte das Unternehmen im Jahr 2000 eine neue Vertriebsorganisation, die bereits im Folgejahr bemerkenswerte Ergebnisse erzielen konnte.

Das folgende Beispiel soll zeigen, dass es auch für den Automobilmanager von zentraler Bedeutung ist, sich auf die Stärken »seines« Unternehmens zu konzentrieren, Fähigkeiten gezielt weiterzuentwickeln und Chancen aktiv zu erkennen, damit das Unternehmen letztlich Spitzenleistungen erbringen kann. Im Gegensatz zum ersten Kapitel, das sich im Wesentlichen mit der Entwicklung einer richtigen Vision befasste, die sich natürlich unmittelbar auf die Unternehmensstrategie auswirkt, behandelt das nachfolgende Praxisbeispiel die Entwicklung der Vertriebsorganisation eines Engineering-Unternehmens. Mit dieser Abfolge soll Peter F. Druckers Managementgrundsatz »structure follows strategy« Rechnung getragen werden. Die Analogien zum Höhenbergsteigen liegen auch hier auf der Hand.

Best practice: Spitzenleistung im Engineering-Vertrieb

Die Leistungsfähigkeit eines Unternehmens basiert im Wesentlichen auf der *richtigen* Strategie, *belastbaren* Fähigkeiten und einer *effizienten* Organisation. Daher gehört es zu den Kernaufgaben des Managements, Strukturen zu entwickeln, die einerseits den Erfolg im Markt sicherstellen und andererseits die Bearbeitung der Aufgaben in einer möglichst reibungslosen und wertschöpfenden Art und Weise gewährleisten. Nur ein verzahntes und abgestimmtes Zusammenspiel von Vertrieb und Betrieb kann in der industriellen Praxis zu Spitzenleistungen und damit zum Erfolg eines Unternehmens führen.

9 Vgl. Kurek, R.: Erfolgsstrategien für Automobilzulieferer, 2004, S. 164 f.

Der Vertrieb hat grundsätzlich die vordergründige Aufgabe, Aufträge zu akquirieren, die der Betrieb dann abarbeitet. Folglich sorgt der Vertrieb also dafür, dass überhaupt Leistung erbracht und Ergebnisse erzielt werden können. Dabei muss er sich natürlich nicht nur um die Pflege der bestehenden Kunden bemühen, sondern auch für die Gewinnung von neuen Kunden sorgen. Dies gilt für Produktions- und Dienstleistungsunternehmen gleichermaßen und ist häufig mit hohem Aufwand und enormen Zugeständnissen verbunden. Vor allem in Branchen mit hohem Kostendruck und scharfem Wettbewerb stellt es deshalb eine enorme Herausforderung dar, wirksame Vertriebsstrukturen zu entwickeln und damit dem Unternehmen Spitzenleistungen zu ermöglichen, wie das nachfolgende Praxisbeispiel eines Engineering-Unternehmens zeigt:

Das Marktumfeld für klassische Engineering-Unternehmen der Automobilindustrie hat sich in den vergangenen zehn Jahren gravierend geändert. Nachdem die Automobilhersteller etwa seit den späten 60er Jahren Stück für Stück eigene Entwicklungsumfänge zunehmend auslagerten und diese Leistungen bei externen Entwicklungsdienstleistern zukauften, verfolgen die Hersteller nun wieder verstärkt das Ziel, ihre ureigensten Kernkompetenzen »zurückzuholen« und inhouse wieder auszubauen. Diese sogenannten Insourcing-Bestrebungen und die gleichzeitige Verlagerung von Entwicklungsleistungen auf strategische Zulieferer, die in der Lage sind, »Pay-on-production«-Modelle zu realisieren (vgl. Kapitel I: Vision eines Industrieunternehmens), haben zu einer dramatisch abnehmenden Nachfrage an Engineering-Dienstleistungen bei reinen Entwicklungsdienstleistern geführt. Denn diese können naturgemäß der Forderung nach »Pay-on-production« nicht nachkommen, da ihr Geschäftsmodell keine Produktion und Lieferung von Bauteilen vorsieht.

Diese Marktentwicklung war bereits Mitte der 90er Jahre absehbar, so dass sich die verschiedenen Marktteilnehmer in der Entwicklungsdienstleistung unterschiedliche strategische Konzepte zurechtlegten, mit der sie dieser künftigen Herausforderung erfolgreich begegnen könnten. Während sich ein Teil der Engineering-Unternehmen zum Ziel setzte, seine Kompetenzen in klar abgegrenzten Leistungsfeldern (z.B. Motorenentwicklung) weiter zu stärken, entschied sich ein anderer Teil dafür, sich künftig vor allen Dingen der Personalsuche und dem Verleih qualifizierter Ingenieure zu widmen. Wieder andere verschrieben sich nun gezielt der Entwicklung und Produktion von kleineren Bauteilen bis zur Komplettmontage von Gesamtfahrzeugen oder der Steuerung und Koordination von Entwicklungsumfängen im Rahmen des Fahrzeugentstehungsprozesses (vgl. Kapitel I: Vision eines Industrieunternehmens).

Eine Aufgabe aber hatten alle Engineering-Unternehmen gemeinsam: Alle mussten ihre Vertriebsaktivitäten gezielt verstärken, um das unvermeidbare Ausscheidungsturnier im Markt erfolgreich überstehen zu können. Folglich konzipierten die Entwicklungsdienstleister unterschiedlichste Strategien, eine möglichst wirksame Vertriebsorganisation zu konzipieren, zu entwickeln und in die jeweilige Unternehmensstruktur zu implementieren.

In Abhängigkeit des bereits bestehenden Geschäftsmodells, der unternehmenspolitischen Leitplanken und Konzepte sowie der strategischen Ziele wurden im Wesentlichen zwei Organisationsformen zur Implementierung einer Vertriebsstruktur bevorzugt. Einerseits setzten viele Unternehmen auf Stabsstellen, die unmittelbar an die Geschäftsführung angebunden wurden, andererseits setzten manche auf Matrixorganisationen, um eine direkte Verbindung der verschiedenen Fachbereiche im Unternehmen (Karosserie-, Fahrwerk-, Antriebs-, Elektrik-/Elektronikentwicklung) mit dem Vertrieb sicherzustellen. Beide Optionen gab es für das nachfolgend beschriebene Engineering-Unternehmen nicht, da es bereits über eine divisionale Matrixorganisation (unternehmensübergreifend agierende Fachbereiche/dezentrale Standorte) verfügte. Fünf unternehmensübergreifende Fachbereiche, die die vordergründige Aufgabe hatten, das bestehende Leistungsspektrum zielorientiert weiterzuentwickeln und darüber hinaus Synergieeffekte zu nutzen, sowie 25 internationale Standorte, die als eigenständige ergebnisverantwortliche Einheiten geführt wurden, erforderten eine neue, eigenständige Vertriebsorganisation, die im Spätsommer 2000 konzipiert und entwickelt wurde.

Mit dem vordergründigen Ziel, bereits bewährte Strukturen des Unternehmens zu erhalten und unter dieser Prämisse bestehendes Geschäft keinesfalls zu gefährden, wurden elf hochqualifizierte Key Account Manager nominiert, die sich allesamt vor allem dadurch auszeichneten, dass sie über ein bereits bewährtes Kunden-Netzwerk in der Automobilindustrie verfügten. Diese Key Account Manager konnten entweder aus der bestehenden Organisation rekrutiert und mit der neuen Vertriebsaufgabe betraut werden oder mussten gemäß eines klar definierten Qualifikationsprofils neu eingestellt werden.

Im ersten Schritt wurden jedem dieser Key Account Manager bereits bestehende Kunden eindeutig zugeordnet. Da das bestehende Kundenportfolio des Engineering-Unternehmens aber nicht nur aus Automobilherstellern (OEM) bestand, sondern auch aus einer ganzen Reihe überregional agierender Systemlieferanten, war diese Zuordnung nicht immer ganz einfach, da es daraus resultierende Interessenskonflikte der

Key Account Manager zu überwinden galt. Darüber hinaus mussten natürlich auch neue Zielkunden definiert werden, um das wegbrechende Geschäft bei den Automobilherstellern (Insourcing/»Pay-on-production«) zu kompensieren. Auch für diese Neukunden mussten eindeutige Zuständigkeiten festgelegt werden. Mit dieser Zuordnung wurde aber von Anfang an sichergestellt, dass jeder Key Account Manager für die Vertriebsleistung bei seinen jeweiligen Kunden voll verantwortlich sein und auch die Neukundenerschließung geregelt ablaufen würde.

In einem zweiten Schritt wurden für die Key Account Manager einheitliche unternehmensübergreifende Vertriebsinstrumente entwickelt. So wurde beispielsweise für die Erfassung des Auftragseingangs ein eigenes SAP R3-Modul konzipiert, was eine tägliche Ermittlung der Vertriebsleistung ermöglichte. Das operative Controlling erfolgte durch den kaufmännischen Bereich der übergeordneten Holding, das dafür sorgte, dass nur schriftlich vorliegende Auftragseingänge und keine mündlichen Vereinbarungen zwischen Kunden und Key Account Managern erfasst wurden. Als unabhängige und neutrale Instanz konnte das Controlling auf diese Weise sicherstellen, dass lediglich werthaltige und belastbare Aufträge eingepflegt wurden. Darüber hinaus bereitete das Controlling der Holding alle Vertriebsdaten monatlich auf, indem es Soll- (Planung) und Ist-Zahlen gegenüberstellte, einen direkten Vergleich zu den Auftragseingängen des Vorjahres erstellte, kumulierte Auftragseingänge aller Key Account Manager abbildete und viele weitere Informationen zusammenstellte.

Neben diesem Instrument zur Erfassung des Auftragseingangs wurde auch ein sogenanntes Kundenkontaktsystem implementiert. Mit diesem Vertriebsunterstützungssystem konnte sichergestellt werden, dass alle Kunden gemäß einem vorher festgelegten Schema gepflegt wurden. Dafür wurden alle relevanten Kontakte der Vertriebsverantwortlichen in einer einfachen Excel-Datei aufgelistet, mit einer bestimmten Kontaktfrequenz versehen und die Art der Kommunikation (persönlich, schriftlich, telefonisch) festgelegt. Diese Excel-Dateien wurden im HTML-Format jedem Mitarbeiter der Organisation über das Intranet des Unternehmens zur Verfügung gestellt, wobei die schreibgeschützte Kundenkontaktliste natürlich nur vom jeweiligen Key Account Manager aktualisiert werden konnte. Dieses Kundenkontaktsystem gewährleistete einen professionellen Auftritt gegenüber dem Kunden, da Informationsvakuen und Doppelspurigkeiten im Rahmen der Akquisitionsverfolgung gezielt vermieden werden konnten. Besuchsberichte, Besprechungsprotokolle und vieles mehr konnten im Kundenkontaktsystem ebenfalls hinterlegt werden, um innerhalb der

Organisation einen gemeinsamen Informationsstand sicherstellen zu können.

Des Weiteren wurden die in der Akquisition befindlichen Schlüsselprojekte jedes Key Account Managers in einer zentralen Datei erfasst und mit einer prozentualen Auftragswahrscheinlichkeit versehen, so dass auf diese Weise auch die operative Zusammenarbeit zwischen den Key Account Managern und dem Betrieb intensiviert werden konnte. Wesentliche Anfragen, Stundensatzvereinbarungen, Rahmenverträge, Präsentationen und Musterangebote wurden ebenfalls zentral verwaltet, was die Vertriebseffizienz enorm erhöhte, da auf bestehende Dokumente zurückgegriffen werden konnte, die folglich nicht neu erstellt werden mussten.

Im dritten Schritt wurden zwischen der Geschäftsleitung und den Key Account Managern eindeutige Vertriebsziele vereinbart. Die Festlegung quantitativer (Auftragseingang, Marktwachstum ...) und qualitativer Ziele (Neukundenentwicklung, Vertriebsmeetings ...) musste natürlich die technischen Strukturen und Prozesse des Unternehmens genauso berücksichtigen wie die kaufmännischen. Das Zusammenwirken zwischen den fünf Fachbereichsverantwortlichen, den lokalen Geschäftsführern der 25 Standorte und den elf Key Account Managern galt es also im Vorfeld eindeutig zu regeln, um Friktionen zwischen den Verantwortlichen präventiv zu vermeiden. Dafür mussten Aufgaben, Kompetenzen und Verantwortlichkeiten klar abgegrenzt und das Zusammenwirken der verschiedenen Unternehmensbereiche in einem gemeinsamen Funktionendiagramm festgelegt werden.

Dadurch, dass alle betroffenen Mitarbeiter in die Erstellung des Funktionendiagramms einbezogen wurden, konnte das Verständnis für das Zusammenwirken der verschiedenen Funktionsträger und die Identifikation mit den unterschiedlichen Aufgaben nachhaltig gestärkt werden. Erst im Anschluss an die unternehmensübergreifende Regelung von Aufgaben, Kompetenzen und Verantwortlichkeiten konnte der eigentliche Zielvereinbarungsprozess mit den Key Account Managern durchgeführt werden. Dabei wurden eben nicht nur quantitative Vertriebsziele vereinbart, die schließlich ins SAP-System eingepflegt wurden und somit die Planzahlen (Soll-Werte) für einen definierten Zeitraum darstellten, sondern vor allem auch qualitative Vertriebsziele wie die Stärkung gemeinsamer Akquisitionsmaßnahmen in übergreifenden Großprojekten, der Ausbau und die Pflege von Kooperationen mit öffentlichen Hochschulen sowie privaten Instituten oder die Optimierung des bestehenden Planungs- und Controllingprozesses bezüglich der Genauigkeit. Alle übergeordneten Maßnahmen zur Zielerreichung wurden im Rahmen des Zielvereinbarungsgespräches ebenfalls diskutiert, abgestimmt und schriftlich festgehalten.

Die Qualifizierung und Synchronisation der elf Key Account Manager erfolgte in insgesamt sieben gemeinsamen Workshops, in welchen das vorrangige Ziel verfolgt wurde, den Kunden sukzessive stärker ins Zentrum aller Unternehmensaktivitäten zu rücken. Damit konnte Henry Fords Auffassung Rechnung getragen werden, der unermüdlich postulierte, dass es nicht der Unternehmer ist, der die Löhne zahlt (er übergibt nur das Geld!), sondern das Produkt – im vorliegenden Beispiel also die Entwicklungsleistungen des Engineering-Unternehmens.

Dieser vierte und letzte Schritt vor der Operationalisierung der neuen Vertriebsorganisation diente darüber hinaus auch dazu, die fachlichen, methodischen und sozialen Kompetenzen der Key Account Manager gezielt weiterzuentwickeln. Neben Inhalten wie die Organisations- und Prozessgestaltung aller Vertriebsaktivitäten wurden auch Präsentationstechniken und Verhandlungsfähigkeiten intensiv geschult.

Auf der Basis all dieser Maßnahmen, die in weniger als vier Monaten realisiert werden konnten, nahmen die Key Account Manager zum 1. Januar 2001 ihre operative Arbeit im Markt auf. Eine konsequente Verfolgung der vereinbarten Ziele sowie die professionelle Kundenbetreuung führten zu zahlreichen Akquisitionserfolgen, darunter auch ein großvolumiges Gesamtfahrzeugprojekt eines süddeutschen Automobilherstellers sowie mehrere komplette Karosserieentwicklungen, was dem Unternehmen schließlich noch im selben Jahr den höchsten Auftragseingang in der fast vierzigjährigen Unternehmensgeschichte bescherte. Die Erhöhung des Auftrageingangs gegenüber dem Vorjahr betrug dabei mehr als 20 Prozent, in einer Zeit, in der alle relevanten Mitbewerber über gravierende Auftragsrückgänge klagten. Zweifellos basierten diese Vertriebserfolge vor allem auf jahrzehntelang aufgebauten Fähigkeiten im Engineering-Geschäft. Hätte das Management es jedoch versäumt, die passende Organisation für den sich ändernden Markt zu implementieren, so wären diese vertrieblichen Spitzenleistungen des Unternehmens nicht möglich gewesen.

Der Erfolg der Vertriebsorganisation beruhte im Kern darauf, dass die verantwortlichen Key Account Manager die wenigen Chancen in dem sich konsolidierenden Engineering-Markt erkannten und aktiv nutzten. Dies setzte voraus, dass die vorhandenen Stärken – insbesondere in der bestehenden industriellen Vernetzung und der strukturierten Vertriebssteuerung – gezielt weiterentwickelt und damit das gesamte Unternehmen im Markt professioneller dargestellt werden konnte. Durch die Entwicklung dieser autarken Vertriebsorganisation mit den erforderlichen Werkzeugen konnten sich die Key Account Manager ihrer vordringlichen Vertriebsaufgabe widmen, ohne an den Nahtstellen zu anderen Unternehmensbereichen (Fachbereiche, lokale Standorte) Energie zu verlieren. Die Implementierung einheitlicher Vertriebsinstrumente und die stetig verbesserte Zusammenarbeit zwischen den Key Account Managern und dem Betrieb führten zu einer kontinuierlichen Optimierung der Vertriebsarbeit, so dass der positive Trend schließlich auch im Jahr 2002 ungemindert fortgesetzt werden konnte.

Es ist also nicht nur die richtige Strategie eines Unternehmens, die letztlich zum Erfolg führt, sondern selbstverständlich auch die dahinterliegende Struktur. Organisatorische Anpassungsleistungen erfordern aber ebenfalls, dass künftige Marktmechanismen frühzeitig erkannt und sich verändernde Marktstrukturen – wie es für das Beispiel in der Entwicklungsdienstleistung aufgezeigt wurde – verstanden werden. Insofern beruhen die Strategie- und die Organisationsentwicklung eines Unternehmens auf demselben Fundament, nämlich einer fortlaufenden Beobachtung und Orientierung am Markt. Unternehmen können nur dann Spitzenleistungen erbringen, wenn sie Chancen aktiv erkennen, den Kunden in den Mittelpunkt ihrer Aktivitäten stellen und sich so organisieren, dass die Aufträge von ihren Mitarbeitern effektiv und effizient abgearbeitet werden können. Die Aufgabe des Managements ist es also, bezogen auf die Anforderungen des Marktes Strukturen bereit zu stellen, die dem Leistungserstellungsprozess des Unternehmens in bestmöglicher Art und Weise entsprechen. Diese Struktur, sprich die Organisation des Unternehmens, muss also sicherstellen, dass durch eine konsequente Zielverfolgung und den stärkenkonformen Einsatz der Mitarbeiter Spitzenleistungen ermöglicht werden.

Damit schließt sich der Kreis zu Hans Kammerlanders Ausführungen, da das dargestellte Praxisbeispiel zeigt, dass auch in der Automobilindustrie Chancen- statt Problemorientierung, positives Vorwärtsdenken, konsequente Zielverfolgung und disziplinierte Arbeit von zentraler Bedeutung sind, wenn es darum geht, mess- und beurteilbare Spitzenleistungen zu erzielen.

Management Summary

Spitzenleistungen erfordern vom Höhenbergsteiger wie vom Automobilmanager ein Höchstmaß an Disziplin und Konsequenz. Beide müssen über substanzielle Fähigkeiten verfügen, die sie fortwährend trainieren und kontinuierlich weiterentwickeln müssen. Oftmals ist dies mit mühevoller Arbeit und hohem Kraftaufwand verbunden, insbesondere dann, wenn es auf dem Weg zum Ziel unüberwindbar erscheinende Hürden zu bewältigen gilt.

Deshalb ist es von zentraler Bedeutung, eine klare Fokussierung auf präzise formulierte Ziele sicherzustellen und alle Maßnahmen und Ressourcen darauf abzustimmen und auszurichten. Spitzenleistungen werden vor allem dann erbracht, wenn eine strikte Konzentration auf die vorhandenen Stärken erfolgt. Dieser Zusammenhang gilt für Höhenbergsteiger und Manager bzw. deren Unternehmen gleichermaßen, so dass sich die Ziele stets auch an den Stärken orientieren müssen. Die gesteckten Ziele müssen dabei klar und verständlich formuliert werden, weil andernfalls die erbrachte Leistung weder mess- noch beurteilbar ist. Erst die Gegenüberstellung der Ziele mit den tatsächlich erreichten Ergebnissen in einem bestimmten Zeitraum ermöglicht eine Beurteilung der Leistung.

Oftmals können Ziele nicht auf dem direkten Weg erreicht werden, so dass es immer wieder abzuwägen gilt, ob die Zielverfolgung in der jeweils vorliegenden Form noch richtig und sinnvoll ist. Dieser Prozess erfordert auch mentale Kraft, die zuallererst auf den Fähigkeiten des Entscheiders basieren. So wie der Höhenbergsteiger für sich oder sein Team entscheidet, so entscheidet der Manager für ein Unternehmen und damit für alle Mitarbeiter. Insofern sind die Fähigkeiten und die mentale Stärke einer Führungskraft in der Industrie wesentlich, um überhaupt sinnvolle Entscheidungen treffen zu können. Spitzenleistungen im Automobilmanagement setzen also voraus, dass eine Führungskraft befähigt ist, Marktstrukturen und Marktmechanismen zu verstehen, daraus die richtige Strategie abzuleiten, effektive und effiziente Strukturen zu entwickeln, die Stärken des Unternehmens zu erkennen und gezielt zu nutzen, um auf dieser Basis die richtigen Entscheidungen treffen zu können. Eine erfolgreiche Unternehmensentwicklung ist nur möglich, wenn das Management dieses Wirkungsgefüge ganzheitlich beherrscht, auch in schwierigen Situationen positiv denkt und eine Vorwärtsstrategie verfolgt, die am Ende zur Spitzenleistung führt.

III Risikomanagement

»Nichts geschieht ohne Risiko,
aber ohne Risiko geschieht auch nichts.«
Walter Scheel, dt. Politiker und
Bundespräsident von 1974–1979

Mai 2007 | Jasemba Peak, 7.350 m (Nepal/China)

Es ist Dienstag, der 22. Mai 2007, 15 Uhr. Endlich! Nach etwas mehr als dreizehn Stunden schwierigster Kletterei haben wir den 7.350 Meter hohen Gipfel erreicht. Wir stehen auf dem Jasemba Peak – und werden von diesem Moment an die Liste im Gipfelbuch dieses faszinierenden Berges als »offizielle Erstbesteiger« anführen. Das Wetter ist tadellos, der Berg hat sich in sein schönstes Gewand gekleidet. Wir, mein Südtiroler Bergführerkollege Karl Unterkircher und ich, haben in mühsamer Kleinarbeit unser gestecktes Ziel erreicht. Hinter uns liegt eine 2.300 Meter hohe Wand – anspruchsvoll, exponiert, menschenfeindlich. Aber der Berg hat uns dieses Mal eingeladen, er hat sich von seiner besten Seite gezeigt.

Obwohl wir den Abstieg noch vor uns haben, sind wir glücklich, den exponierten Gipfel nun erreicht zu haben; sehr zufrieden, dass die ganze Schinderei hiermit ein Ende hat. In direkter Nachbarschaft erkenne ich die scharfen Umrisse des Cho Oyu, meinem ersten Achttausender, dessen Südwestwand ich 1983 mit Reinhold Messner als Erster durchstieg.

Der Jasemba ist der Hauptgipfel des Nanpai-Gosum-Massivs, quasi ein Ausläufer des 8.202 Meter hohen Cho Oyu. Die chinesisch-nepalesische Grenze verläuft genau unter unseren Füßen über den Gipfel dieses prächtigen Berges. In der Nähe, aber weit unter uns, liegt der Nangpa-La-Pass, der als höchstgelegener Handelsweg weltweit bekannt wurde und noch heute regelmäßig genutzt wird. Über diese Route gelangte angeblich auch das Volk der Sherpa von Tibet nach Nepal. Von der regen Betriebsamkeit auf dem Pass spürt man hier oben nichts – es ist ganz ruhig, fast friedlich, denn heute ist es annähernd windstill.

Doch trotz der aktuell so perfekt erscheinenden Bedingungen wissen wir natürlich, dass auch der Abstieg neuerliche Herausforderungen an uns stellen wird. Die lange und harte Kletterei in den kalten Nachtstunden hat uns gelehrt, dass wir beim Abstieg äußerst vorsichtig und sorgfältig vorgehen müssen, insbesondere auf den steilen Schneegraten oberhalb von 6.800 Metern. Erst auf dieser Höhe werden wir wieder unsere sorgsam angebrachten Fixseile erreichen, die für uns den gesicherten Rückzug in die Zivilisation bedeuten.

Trotz dieser Sorge und der gewohnt dünnen Luft auf 7.350 Metern spüren wir aber noch genügend Kraft und Energie, unser Biwak unbeschadet zu erreichen. Und so stehen wir auf dem Gipfel, fotografieren und analysieren noch ein wenig die schwierigsten Abseilpassagen. Aufgrund meiner verschiedenen Erfahrungen mit altersschwachen Fixseilen schlage ich vor, die ersten drei Seillängen ab 6.800 Metern noch zusätzlich mit unseren Kletterseilen zu sichern, da das Fixseil in dieser Passage bereits im Vorjahr von mir verankert wurde.

Eine Expedition ist meines Erachtens erst dann wirklich erfolgreich, wenn ich – wie am Jasemba – eine neue Route realisieren konnte, wenn man letztendlich den Gipfel erreicht hat und vor allen Dingen dann, wenn alle Expeditionsteilnehmer wieder gesund zurückgekehrt sind. Vorsichtig arbeiten wir uns also nach unten. Stück für Stück, konzentriert und äußerst wachsam. Aufgrund der enormen Steilheit verlieren wir auch zügig an Höhe, bis wir auf etwa 6.800 Metern wieder unser erstes Fixseil erreichen, das uns die nächsten Meter zuverlässige Sicherheit geben soll.

Sorgsam hängt sich Karl am Fixseil ein, um sich vorsichtig abzuseilen. Wie besprochen sichere ich ihn noch zusätzlich mit unserem Kletterseil. Die erste Seillänge funktioniert problemlos. Fast ist man geneigt, den alten Fixseilen doch zu vertrauen – doch kurz nachdem sich Karl in die zweite Seillänge eingehängt hat, gibt es einen heftigen Ruck: In Sekundenbruchteilen, die über alles entscheiden können, spannt sich unser gemeinsames Kletterseil, weil Karl mit vollem Gewicht ins Seil rutscht. Wie elektrisiert schießt Strom durch meine Adern, das Fixseil ist tatsächlich gerissen – ein blitzgefährlicher Augenblick, der ohne die zusätzliche Sicherung zur Katastrophe geführt hätte. Doch die Gefahr ist gebannt – genauso schnell wie sie über uns hereingebrochen ist, so schnell ist sie überstanden.

Erschrocken lehne ich mich an die Wand. Erinnerungen kommen hoch. An fast gleicher Stelle – nur etwa 60 bis 70 Meter unterhalb – hat sich vor ziemlich genau einem Jahr eine noch immer unfassbare Tragödie ereignet:

Nachdem ich bereits 2005 eine Expedition zum Jasemba abbrechen musste, weil das Wetter in diesen Tagen kontinuierlich schlecht war und keinen wirklichen Gipfelversuch zuließ, kam ich also 2006 zurück, um einen erneuten Versuch am Jasemba zu unternehmen. Seilpartner war damals Lois Brugger, der mich schon 2005 gemeinsam mit Karl Unterkircher zum Jasemba begleitete. Lois Brugger war in der Vergangenheit auch schon bei einigen anderen Expeditionen mein Partner gewesen und galt spätestens seit seiner seilfreien Erstbesteigung der Ama-Dablam-Westwand als einer der besten Höhenbergsteiger Südtirols. Und während es doch eine ganze Reihe hervorragender Kletterer gibt, so gibt es nur wenig wirklich gute Alpinisten und lediglich ein paar exzellente Höhenbergsteiger, die über einschlägige Himalaja-Erfahrung verfügen. Lois Brugger gehörte jedenfalls dazu. Ihn zeichneten Können, Ausdauer, Mut und die erforderliche Risikobereitschaft an den hohen Bergen aus. Und er war ein sehr guter Freund, mit dem ich seit Anfang der 80er Jahre viele gemeinsame Tage im Rahmen unserer Bergführertätigkeit verbrachte. Und so freute ich mich damals über seine Expeditionsteilnahme natürlich besonders, unter anderem auch deshalb, da er in St. Jakob im Tauferer Ahrntal zuhause war, also aus meiner unmittelbaren Nachbarschaft stammte.

Nach den äußerst widrigen Bedingungen im Vorjahr waren Lois und ich 2006 hochmotiviert, unseren Erstbegehungsversuch am Jasemba nun erfolgreich abzuschließen. Nachdem wir uns gewissenhaft vorbereitet und den Weg zum Gipfel sukzessive präpariert hatten, wollten wir aus etwa 6.800 Metern Höhe ein letztes Mal ins Basislager absteigen, um für den finalen Gipfelversuch neuerlich Kraft zu tanken.

Während ich noch ein kleines Depot für den Gipfeltag einrichtete, seilte sich Lois bereits ab. Als ich dann nur wenige Minuten später ebenfalls mit dem Abseilen begann, sah ich Lois nicht. Da das Gelände in diesem Bereich aber relativ übersichtlich war, zweifelte ich zunächst an meiner Wahrnehmung. Halluzinationen? Dachte ich jetzt falsch oder war ich einfach nur zu müde?

Zweifellos war der Tag außerordentlich anstrengend gewesen, aber im Kopf schien ich doch sehr klar zu sein. Wo also war Lois? Sekunden vergingen, in denen mir verschiedenste Gedanken durch den Kopf schossen – bis ich schließlich erkennen musste, dass im vor mir liegenden Schneefeld nur Aufstiegsspuren und keine Abstiegsspuren mehr zu sehen waren. Lois musste verunglückt sein.

Unbegreiflich – wieder einer dieser Momente, in denen man einfach nur die Zeit zurückdrehen möchte. Als ich hinabstieg, um die Unfallstelle zu begutachten, erkannte ich, dass beim Umhängen seines Abseilachters von einem Fixseil in das nächste das schreckliche Unglück wohl seinen Lauf nahm. Entweder funktionierte die Sicherungstechnik nicht einwandfrei oder eine kurze Unachtsamkeit, vielleicht auch aufgrund von Übermüdung, verursachte die Tragödie. Er stürzte die Wand hinunter, die fast so hoch wie die Eigernordwand ist, so dass es keine Überlebenschance gab. Der Augenblick, in dem man feststellt, dass seine Schritte aufhören und sein Leben vor wenigen Momenten geendet hat, ist unvorstellbar hart und erbarmungslos grausam.

Der Jasemba, den die Einheimischen liebevoll den »Glücksberg« nennen, wurde in diesem Moment zum Unglücksberg. Da ich den Absturz aufgrund meiner abgelegenen Position nicht sehen oder hören konnte, handelt es sich bei dieser Darstellung noch immer um eine theoretische Rekonstruktion der Ereignisse, die mir im Nachhinein aber als durchaus realistisches Szenario erscheint.

Desillusioniert und tief betroffen stieg ich schließlich ins Basislager ab, um zwei Tage später noch mit einem Hubschrauber eine Suche zu starten. Obwohl die Erfolgsaussichten denkbar gering waren, wollte ich nichts unversucht lassen, um meinen gestürzten Freund zu finden. Doch aufgrund des miserablen Wetters in den Folgetagen mussten wir schließlich die Suchaktion enttäuscht aufgeben. Der schlimmste denkbare Fall war eingetreten, das »Worst case«-Szenario eines Bergsteigers.

Als ich nun also an fast gleicher Stelle stand und sich Karl nach der kritischen Situation langsam, aber sicher in seine Abstiegsposition zurückbegab, wurde ich mir der enormen Risiken, die trotz aller Vorsichtsmaßnahmen zur Risikominimierung beim Extrembergsteigen nun einfach mal gegeben sind, noch einmal sehr bewusst. Selbst für die besten Bergsteiger, die reihenweise neue Maßstäbe setzen und gesetzt haben, bleibt ein sehr hohes Restrisiko. Karl Unterkircher beispielsweise hat 2004 innerhalb weniger Wochen mit dem Mount Everest und dem K2 die beiden höchsten Berge der Welt ohne zusätzlichen Sauerstoff bestiegen und damit eindrucksvoll dokumentiert, dass er zur Elite unserer Zunft zählt. Langsam und durch die Schrecksekunde noch konzentrierter als zuvor seilten Karl und ich zu unserem Lager auf 6.100 Metern ab, um uns dort ein wenig vom Schock zu erholen.

Nach einer kurzen Nacht steigen wir weiter ab, um nur wenige Höhenmeter unter unserem Lager feststellen zu müssen, dass eine Lawine unsere sorgfältig verlegten Fixseile über Nacht weggefegt hat. In einer gefährlichen Aktion seilen wir uns schließlich über eine spiegelglatte Eisflanke ab. Um etwa 13 Uhr erreichen wir am 23. Mai 2007 das Basislager auf etwa 5.200 Metern und widmen diesen Aufstieg unserem Freund Lois Brugger. Nachdem es mich viel Kraft gekostet hatte, den Unfall von Lois Brugger über das vergangene Jahr hinweg zu verarbeiten, so war ich nun erleichtert, unser gemeinsames Ziel, die Erstbesteigung des Jasemba – schon aufgrund der anspruchsvollen Linie wohl eine der schönsten Erstbesteigungen im Himalaja – auch für Lois realisiert zu haben.

Mai 1991 | Manaslu, 8.156 m (Nepal)

Noch schwerer ist es mir allerdings gefallen, das Unglück am Manaslu zu verarbeiten, den ich im Frühjahr 1991 mit einer zehnköpfigen Südtiroler Expedition als Ziel auserkoren hatte. Die Idee damals war es, guten Freunden, treuen Wegbegleitern der letzten Jahre und jungen ambitionierten Bergsteigern aus meiner Heimat die Möglichkeit zu geben, einen Achttausender zu besteigen. So wie mir Reinhold Messner 1982 die Chance gegeben hatte, mich mit ihm am Cho Oyu zu versuchen, so wollte ich nun anderen die Gelegenheit geben, einen der großen Berge dieser Welt zu erklimmen. Minutiös habe ich die Ereignisse dieser tragischen Expedition schon in verschiedenen Zusammenhängen, unter anderem auch in meinem Buch »Bergsüchtig« und vielen Vorträgen wiedergegeben, so dass ich mich im Folgenden nur mehr auf die wesentlichen Ereignisse vom Frühjahr 1991 beschränken möchte.

Der Manaslu gehört zweifelsfrei zu den vergleichsweise »einfachen« Achttausendern, sofern man die höchsten Berge der Welt als »einfach« bezeichnen kann. Bekannt ist er allerdings für schlagartige Wetterumstürze, die ihn gefährlich machen. Obwohl konditionell natürlich äußerst anspruchsvoll, ist sein Profil technisch weniger herausfordernd als beispielsweise der K2, der Kangchendzönga, der Nanga Parbat oder die Annapurna, die ich genau in dieser Reihenfolge für die schwierigsten Achttausender halte. Im Gegensatz zu den genannten Bergriesen verfügt der Manaslu über weite, relativ übersichtliche Gletscherflächen, die mehr oder weniger als »hochalpines Gehgelände« bezeichnet werden können.

Neben anderen höchsttalentierten und herausragenden Bergsteigern meiner Heimat begleiteten mich bei dieser Expedition auch mein Freund und Vorbild Friedl Mutschlechner sowie Carlo Großrubatscher, ein junger »Shooting-Star« der Südtiroler Extrembergsteiger. Mit Friedl Mutschlechner hatte ich schon am 26. September 1986 zusammen mit Reinhold Messner auf dem Makalu, dem fünfthöchsten Berg der Erde gestanden, in einer von Reinhold Messner organisierten Expedition. Es war aber nicht nur Friedls umfangreiche Himalaja-Erfahrung, die ihn auszeichnete (Expeditionen zum K2, Shisha Pangma, Dhaulagiri, Makalu, Kangchendzönga, Cho Oyu), sondern auch der Tatbestand, dass er Anfang der 90er Jahre noch immer zu den besten Fels- und Eiskletterern seiner Zeit gehörte. Und so unternahm ich mit ihm unzählige Bergtouren in den höchsten Schwierigkeitsgraden, die uns mehr und mehr zusammengeschweißt hatten und ihn für mich zum »Lehrmeister« im Fels und engen Freund machten. Aber nicht nur seine Fähigkeiten am Berg hatten für mich wahren Vorbildcharakter, sondern auch seine humorvolle, stets besonnene und mediative Art, die mich dazu bewegten, ihn für die Manaslu-Expedition zu begeistern. Er war ein großartiger Mensch, der nie die Bodenhaftung verloren hatte.

Etwas weniger erfahren, dafür aber außerordentlich zäh und willensstark, war hingegen der junge Carlo Großrubatscher, ebenfalls ein außergewöhnlich talentierter Alpinist. Konsequent und diszipliniert hatte er sich in kürzester Zeit zum Spitzenbergsteiger entwickelt. Erfolge am Cerro Torre in Patagonien, an den Trangotürmen im Karakorum sowie zahlreiche schwierige Begehungen in den Alpen zeichneten ihn schon in sehr jungen Jahren aus. Darüber hinaus hatte er bereits an einer Nun Kun-Expedition im Pamir-Gebirge teilgenommen, so dass ihm die Berge und die Kultur in diesem Teil der Welt bereits vertraut waren.

Obwohl das Wetter in der Vormonsunzeit des Jahres 1991 sehr unbeständig und überwiegend schlecht war, so gelang es uns doch, in 5.500 Metern und 6.200 Metern zwei Hochlager zu errichten, die der sicheren Besteigung des Manaslu dienen sollten. Nachdem wir bereits viele Tage damit zugebracht hatten, eine kurze Schönwetterperiode abzuwarten, schien sich in der Tat am 10. Mai ein Wetterfenster zu öffnen und sich eine Chance zu ergeben, einen Gipfelversuch zu unternehmen.

Nachdem wir auf etwa 7.000 Metern ein weiteres Biwak errichtet und eine extrem unruhige Sturmnacht hinter uns gebracht hatten, die uns zudem noch Neuschnee bescherte, stiegen wir also in den frühen Morgenstunden in Richtung Grat, der uns in den Folgestunden zum Gipfel führen sollte.

Doch schon relativ bald stellte sich heraus, dass uns die Nacht und Temperaturen von minus 40 Grad Celsius zu viel Substanz gekostet hatten, um einen ernsthaften Gipfelversuch unternehmen zu können. Friedl erkannte dies als erster und stieg nach einer kurzen Abstimmung hinunter zu unserem nächtlichen Biwak, um sich dort von den Aufstiegsstrapazen des frühen Morgen ein wenig zu erholen und auf uns zu warten. Schon wenig später drehte auch Carlo um, der für sich ebenfalls erkannte, dass dies nicht der richtige Tag für einen aussichtsreichen Gipfelversuch sei. Da ich mich selbst in diesem Moment noch etwas besser fühlte, entschied ich mich kurzentschlossen dazu, ab hier einen Alleingang zu versuchen.

Doch aufkommender Sturm und immer brutalere Windstöße aus unterschiedlichen Richtungen kosteten enorm viel Kraft. Zwar erreichte ich noch den Gipfelgrat, aber spätestens hier musste auch ich einsehen, dass der Gipfel an diesem Tag für mich nicht zu erreichen war. Meine Akkus waren leer – nicht nur physisch, sondern auch psychisch. Die Organisationsarbeit der letzten Monate, die Wetterkapriolen in den Wochen am Berg und schließlich die schwierigen Bedingungen am Gipfeltag hatten mich mental geschwächt, so dass ich mich ohne Zögern zum Rückzug entschloss.

Als ich schließlich unsere Zelte im Lager III auf 7.000 Meter erreichte, sah ich Friedl, als er gerade damit beschäftigt war, unsere Biwaks abzubauen. Aber wo war Carlo? War er bereits weiter abgestiegen? Oder hatte er sich verlaufen? Unmöglich.

Fieberhaft begannen wir, nach seinen Spuren zu suchen, riefen laut seinen Namen und entdeckten ihn schließlich unweit von uns, hangabwärts verdreht im Schnee liegend. Er war tot. Er hatte sich das Genick gebrochen.

Völlig verwirrt und tief betroffen versuchten Friedl und ich den Absturz zu rekonstruieren, um nach vielen absurden Gedanken schließlich festzustellen, dass der Unfall nur eine Verkettung unglücklichster Umstände gewesen sein konnte. Vermutlich wollte er von einem Eiszapfen, einem Serac, aus meinen Aufstiegsversuch fotografieren, ist dann aus irgendwelchen Gründen abgestürzt und schließlich den Hang hinuntergerutscht. Unfassbar! Was für ein unvorstellbares Unglück! Wie konnte dieser junge und außerordentlich leistungsstarke Bergsteiger, dessen Beweglichkeit, Kraft und Gleichgewichtssinn herausragend waren, in diesem vergleichsweise einfachen Gelände umkommen? Warum?

Geschockt und erschüttert packten wir das Biwak zusammen, übermittelten die fürchterliche Nachricht ins Basislager und stiegen wortlos ab. Das Wetter wurde nun schlechter. Einsetzender Schneefall trübte unsere Sicht und ungewohnte Verunsicherung aufgrund des Geschehenen machte sich langsam in uns breit.

Schließlich erreichten wir Lager II auf 6.200 Meter; von dort wollten wir mit Skiern abfahren. Das Wetter verschlechterte sich nun zusehends, das Schneetreiben nahm zu, so dass wir nur noch nach unten ins sichere Basislager wollten, weg aus dieser Schneehölle. Plötzlich spürten wir, wie sich mehr und mehr die Luft auflud. Zum Schock über Carlos Tod mischte sich das ungute Gefühl von nahender Verzweiflung. Mein Ohrring war auf einmal wie elektrisiert, meine Wollmütze knisterte, um uns summte und brummte es. Dann ein Blitz. Zeitgleich ein heftiger Schlag. Benommen lag ich im Schnee.

Was war passiert? Als ich den Schrecken überwunden hatte, rief ich nach Friedl. Einmal, zweimal, wieder und wieder. Warum antwortete er nicht? Nur schemenhaft erkannte ich seine Umrisse, auch er lag jetzt wie ich im Schnee, Nebel störte meine Sicht. Noch immer wütete das Gewitter. Langsam robbte ich am Seil entlang zu ihm. Als ich ihn schließlich daliegen sah, seine gebrochenen Augen mich anstarrten und es nach verbranntem Fleisch roch, wusste ich, dass er tot war. Friedl wurde vom Blitz erschlagen. Der verdammte Pickel in seinem Rucksack musste den Blitz angezogen haben. Das Gewitter tobte um uns, im Sekundentakt blitzte und donnerte es. Ein Inferno unglaublichen Ausmaßes brach jetzt über mich herein. Was war hier los? Warum musste auch noch Friedl sterben, ausgerechnet Friedl? Wie konnte ich diesem Horror noch entkommen?[10]

Regungslos lag ich im Schnee und harrte der Dinge, die da noch auf mich zukommen sollten. Meine Gedanken liefen Amok, genauso wie das Wetter. Instinktiv tat ich wahrscheinlich das einzig Richtige, indem ich in diesen Minuten gar nichts tat. Klare Überlegungen, strukturiertes Vorgehen oder gar eine Analyse der Situation waren unmöglich. Irgendwie erreichte ich dann – nachdem sich das Gewitter ein wenig verzogen hatte – unser Lager auf 5.500 m, von dem ich nachts abstieg. Das Drama hatte ein Ende gefunden, doch der Horror hielt an: Das Inferno hatte tiefe Spuren hinterlassen – nichts war mehr wie vorher. Nachdem ich Carlos Freundin Thea die Schreckensbotschaft überbracht und Friedls Frau Marianne über die Tragödie informiert hatte, zog ich mich zurück ins heimische Ahornach.

Die Ereignisse hatten traumatische Auswirkungen. Alles stellte ich nun in Frage: meine Verantwortung am Berg, die ganze Expedition zum Manaslu, mein bisheriges Bergsteigerleben und wie alles so zusammenspielte. Meine damalige Frau Brigitte, meine Familie und engsten Freunde stützten mich in diesen Tagen. Aber die Frage nach dem Warum konnten auch sie nicht beantworten. Wenig Schlaf, keine Energie und ein gebrochener Wille kennzeichneten die Wochen und Monate nach dieser unheilvollen Expedition.

Erst im Spätsommer war ich wieder in der Lage, mich zu einer einfachen Bergtour in meiner Heimat aufzuraffen. Mit meinem Neffen Daniel bestieg ich den Hohen Zwölfer in den Sextener Dolomiten. Langsam begann ich auch wieder, gezielt zu trainieren, da ich feststellte, dass mir

---

10 Vgl. Kammerlander, H.: Bergsüchtig, 1999.

körperliche Anstrengung half, meine seelischen Wunden ein wenig zu betäuben und wieder ein Stück nach vorne zu denken. Im Herbst bestieg ich dann innerhalb von 24 Stunden die 1.400 Meter hohe Eiswand des Ortlers, die 550 Meter hohe Felswand der Großen Zinne und überbrückte dabei den Weg vom Ortler zu den Drei Zinnen (247 Straßenkilometer) mit meinem Rennrad. Dies waren auch die ersten zaghaften Schritte zurück in jene Welt, die mich von Kindesbeinen an so geprägt hatte.

Die Nacherzählung der dramatischen Ereignisse am Manaslu soll noch einmal dokumentieren, dass die Tragödie von 1991 nicht mit jener von 2006 zu vergleichen ist. Während sich für die Geschehnisse am Manaslu noch immer keine Gründe für diese unfassbare Tragödie finden lassen und viele Fragen unbeantwortet blieben, so ist der Absturz Lois Bruggers an der schwierigen und bis dahin unbestiegenen Steilwand des Jasemba zwar nicht weniger tragisch, aber doch eher nachvollziehbar. Da letztendlich niemandem damit geholfen gewesen wäre, wenn ich mich nach diesen fürchterlichen Erfahrungen in mein Schneckenhaus zurückgezogen hätte und ich in der Besteigung hoher und schwieriger Berge nach wie vor meine Berufung sehe, war es im Nachhinein sicherlich richtig, weiterzugehen und neue Ziele anzustreben, um diese Unfälle ein Stück weit verarbeiten zu können.

Umgang mit dem Risiko

Selbst bezeichne ich mich bekanntermaßen als »bergsüchtig«, als jemanden, der besessen und aufopferungsvoll seine Ziele mit aller Vehemenz verfolgt. Ohne diese Besessenheit sind extrem schwierige Ziele in den Bergen nicht zu realisieren.

Dabei geht es mir im Kern natürlich darum, immer anspruchsvollere und schwierigere Ziele für mich zu formulieren. Dafür trainiere ich bei jedem Wetter, stelle Finanzierungen für Expeditionen sicher, halte zahlreiche Vorträge, übernehme viele Bergführungen bis hin zu 24- und 36-Stunden-Marathonwanderungen und suche Sponsoren. Denn Expeditionen zu den höchsten Bergen der Welt geben meinem Leben Sinn und Richtung. Risiken gehören dazu.

Reinhold Messner beschrieb unser Tun einmal sehr treffend, als er feststellte, dass es unser vordergründiges Bestreben sei, uns selbst an den Rand unserer Möglichkeiten und unserer Existenz zu führen und immer wieder einen Schritt weiterzugehen, ohne dabei umzukommen. Er beschreibt dies als »Grenzgang«, wobei es uns aber natürlich auch darum geht, die jeweiligen Grenzen selbst verantworten zu können.[11] Während ich als jugendlicher »Draufgänger« diese Grenzen mehr als ein Mal überschritt und aufgrund meiner Unerfahrenheit nicht selten unkontrollierte »Grenzgänge« durchführte, reflektiere ich die Risiken am Berg heute deutlich präziser und professioneller als noch zu meiner Anfangszeit.

Während ich mir früher primär die Frage stellte, wie es denn gehen könnte, stelle ich mir heute auch die Frage, ob es denn auch tatsächlich gehen kann. Mein Erfahrungswissen hilft mir dabei, Grenzen immer ein Stück weiter zu verschieben und damit den Sinn meines Handelns auch weiterhin zu erhalten.

Mit jeder erfolgreichen Expedition steigt auch das Vertrauen in meine eigenen Fähigkeiten, wodurch Zweifel ausgeräumt werden. Zweifel dürfen beim Extrembergsteigen erst gar nicht entstehen, da sie das Risiko unwillkürlich erhöhen. Aus Zweifeln resultieren Ängste, und Ängste sind an den hohen Bergen ein schlechter Begleiter.

Deshalb erscheint es mir wesentlich, Risiken neutral zu begegnen und nur über das Vertrauen in die eigenen Fähigkeiten das Ziel anzustreben. Nur wenn man zutiefst an sich glaubt, ist man letztendlich auch in der Lage, sich durchzubeißen, auch wenn die jeweiligen Schwierigkeiten unüberwindlich erscheinen. »Selbst-Vertrauen« ist dabei entscheidend, aber auch nur dann sinnvoll nutzbar, wenn die eigenen Fähigkeiten richtig eingeschätzt werden. Die »Selbst-Überschätzung« der eigenen Fähigkeiten kann beim Höhenbergsteigen genauso tödlich sein wie Zweifel und Angst in schwierigen Situationen.

In diesem Spannungsfeld bewegen sich Extrembergsteiger, und um es beherrschen zu können und die Risiken zu reduzieren, ist Erfahrungswissen unerlässlich. Erfahrungswissen zu sammeln – auch von anderen – und dieses nutzbar zu machen, setzt ein hohes Maß an Entwicklungsbereitschaft und Entwicklungsfähigkeit voraus. Deshalb führe ich auch heute Informationen vor Expeditionen noch sehr viel gezielter und professioneller zusammen als in meiner »Sturm- und Drangzeit«, als ich häufig einfach nur ins kalte Wasser gesprungen war.

Erst über die Vernetzung richtiger und werthaltiger Informationen lassen sich Fehlerquellen finden, die die Risiken am Berg kalkulierbarer machen. Die »intuitive Intelligenz«, die mir vor allem Journalisten häufig zuschreiben, ist im Grunde genommen nichts anderes als ein permanenter Abstimmungsprozess zwischen dem, wie ich eine aktuelle

11 Vgl. Messner, R.: Berge versetzen, 1996.

Situation einschätze, und dem, was mein Körper in dieser Situation umsetzen kann. Dafür muss man sich selbst entsprechend gut kennen und die Situation richtig einschätzen können – und dies setzt wiederum Erfahrungswissen voraus.

Natürlich ist es bei jeder Expedition mein oberstes Ziel, zu überleben und andere nicht zu gefährden. Deshalb war es stets entscheidend, Risiken möglichst emotionslos einzuschätzen. Dass dies nicht immer möglich war, zeigen die tragischen Ereignisse am Manaslu und am Jasemba. Und folglich halte ich es für unmöglich, alle Risiken in ihrer Eintrittswahrscheinlichkeit und Tragweite eindeutig bewertbar machen zu können.

Nichtsdestotrotz gilt es aber, Erfahrungswissen zu nutzen, wenn es beispielsweise darum geht, zu entscheiden, was man tun kann, um aus einer gefährlichen Situation wieder herauszukommen. Dies reduziert die Risiken am Berg doch ganz erheblich.

Vielleicht mute ich mir dabei mehr zu als andere, riskiere auch mal eine Verletzung, aber ein Hasardeur bin ich deshalb nicht. Mit gewissen Risiken erkläre ich mich bewusst einverstanden, um überhaupt neue, in der Regel noch anspruchsvollere Ziele formulieren und angehen zu können, mit anderen Risiken aber nicht.

Die meisten Unfälle in den Bergen basieren auf Eigenverschulden, oftmals beim Abstieg. Als langjähriger Bergrettungsmann und Extremalpinist, der ich schon viel zu häufig mit Abstürzen und Bergopfern konfrontiert wurde, weiß ich mittlerweile, dass die häufigste Fehlerursache bei Unfällen eine falsche Einschätzung der Situation war – im Fels genauso wie im Eis, mit Steigeisen genauso wie mit Skiern, beim seilfreien Klettern genauso wie bei gemächlichen Bergtouren.

Bedeutung von Risikomanagement in der Automobilindustrie

Die Darstellung Hans Kammerlanders zu den Risiken beim Höhenbergsteigen lässt sich folgendermaßen zusammenfassen:

1. Nicht alle Risiken sind kalkulierbar.
2. Nichtsdestotrotz reduziert eine sorgfältige Risikoanalyse die subjektiven und objektiven Gefahren einer Expedition.
3. Das Fundament einer belastbaren Risikoanalyse ist substantielles Erfahrungswissen aus bereits realisierten Bergbesteigungen.

4. Fundiertes Erfahrungswissen erhöht das Vertrauen in eigene Fähigkeiten (Selbst-Vertrauen) und reduziert damit Zweifel und Ängste, die (lebens-) gefährdend sind.
5. Die richtige Einschätzung eigener Fähigkeiten und daraus resultierendes Selbstvertrauen sind eine notwendige Grundlage, um immer ambitioniertere Ziele definieren und umsetzen zu können.

Dabei stellt sich der Extrembergsteiger bereits im Vorfeld seiner Expeditionen folgende Fragen:

a) Welche Risiken können bei einer Expedition auftreten?

b) Worin liegen die Ursachen möglicher Risiken?

c) Welche Auswirkungen können die Risiken haben?

d) Gibt es Verkettungen unterschiedlicher Risiken?

e) Was muss ich tun, wenn eine bestimmte Gefahr tatsächlich eintreten sollte?

Risiken sind im umgangssprachlichen Gebrauch Umstände, denen man gerne aus dem Weg gehen möchte, da sie stets mit Gefahr gleichgesetzt werden. Aber letztendlich geschieht nichts ohne Risiko, aber ohne Risiko geschieht auch nichts (Walter Scheel).

Dies gilt natürlich insbesondere für Ausnahmeathleten wie den Extrembergsteiger Hans Kammerlander, aber grundsätzlich auch für jegliches unternehmerisches Handeln. Risiken werden nicht um deren selbst willen eingegangen, sondern weil sich durch ein bewältigtes, ein erfolgreich gemanagtes Risiko Chancen bieten. Risikomanagement versucht, dieses Risiko-Chancen-Kalkül abzuwägen. Und so kommt dem bewussten Managen von Risiken auch in der Automobilindustrie seit jeher eine besondere Bedeutung zu.

Schon immer mussten sich Unternehmen mit der Frage beschäftigen, ob sich ambitionierte Unternehmenspläne in der Praxis auch realisieren lassen. Die kontinuierlich fortschreitende Internationalisierung in der Automobilindustrie – neudeutsch auch Globalisierung genannt – verflechtet unterschiedlichste Wirtschaftsräume miteinander und kumuliert damit eine ganze Reihe neuer Chancen – aber auch Risiken. Bereits heute ist abzusehen, dass von der fortschreitenden Internationalisierung in der Automobilindustrie vor allem asiatische Automobilhersteller, allen voran natürlich Toyota/Lexus und Hyundai/Kia profitieren. Gleichzeitig verlieren US-amerikanische Hersteller gravierend Marktanteile, selbst in dem lange von ihnen beherrschten »home market«. Die Auswirkungen der sinkenden Neuzulassungen der US-amerikanischen

Fahrzeughersteller haben auch dramatische Folgen für den Zuliefermarkt. Zahlreiche der größten Zulieferer befinden sich bereits heute in einem Insolvenzverfahren nach Chapter 11.

Die europäischen Automobilhersteller verfolgen derzeit unterschiedlichste Strategien. Während vor allem italienische und französische OEMs sich darauf konzentrieren, ihre Kernkompetenzen in der Realisierung kleinerer und mittlerer Fahrzeuge auszuspielen, bauen viele deutsche Hersteller auf ihren Vorsprung im Premiumsegment. Dies ist sicherlich nicht falsch, da der Erfolg deutscher Automobilhersteller, insbesondere im oberen Mittelklasse-, Oberklasse- und Luxusklassebereich unbestreitbar ist. Dabei sollte aber nicht übersehen werden, dass die Profitabilität in diesen Fahrzeugsegmenten in der Regel geringer ist als bei Fahrzeugen darunter liegender Segmente, die in höheren Stückzahlen produziert und verkauft werden. Insofern werden die deutschen Automobilhersteller auch Fahrzeuge im »Lowcost«-Segment anbieten müssen, um Wachstum nicht nur im Umsatz, sondern auch im Ergebnis realisieren zu können.

In diesem Zusammenhang stellen sich zentrale Fragen bezüglich der Märkte und der Kunden, die es künftig zu bedienen gilt. Marktpotentialanalysen gewinnen dabei an Bedeutung, um Vertriebs-Targets prozesssicher formulieren zu können. Ob nun beispielsweise im Premiumsegment die avisierten Märkte schneller gesättigt sein werden als im »Lowcost«-Segment, bleibt abzuwarten. Fest steht allerdings, dass es im internationalen Wettbewerb erfolgsentscheidend sein wird, nicht nur aktuelle Ertragspotentiale zu nutzen, sondern vor allem künftige Erfolgspotentiale zu erkennen und Risiken richtig einzuschätzen.

Zum besseren Management von unternehmerischen Risiken hat in Deutschland ein sogenanntes »Gesetz zur Kontrolle und Transparenz im Unternehmensbereich« (KonTraG) vor dem Hintergrund der spektakulären Unternehmenszusammenbrüche im Neuen Markt den Herausforderungen der Industrie Rechnung getragen. Im Gesetzestext heißt es: »Der Vorstand hat geeignete Maßnahmen zu treffen, insbesondere ein Überwachungssystem einzurichten, damit den Fortbestand der Gesellschaft gefährdende Entwicklungen früh erkannt werden.«[12]

Nun sind die unternehmerischen Risiken nicht unmittelbar mit jenen eines Extrembergsteigers vergleichbar, aber die Notwendigkeit, Risiken zu bewerten, ist durchaus ähnlich.

In vielen Ländern wurden als freiwillige Selbstregulierungsmaßnahme schon früher Grundsätze guter Unternehmensführung ausgearbeitet,

---

12 Vgl. Huber-Reiter, J.: Risikomanagement, 2003.

die sogenannte »Corporate Governance«. Dieser Kodex verlangt eine zeitnahe und umfassende Information über die jeweilige Risikolage und das Risikomanagement in einem Unternehmen.

Darüber hinaus hat ein Konsultationspapier des sogenannten Baseler Ausschusses für Bankenaufsicht (Synonym für die derzeit auch in der Automobilindustrie allgegenwärtige Kurz-Bezeichnung »Basel II«) die Spielregeln der Banken im Kreditgeschäft zum 1. Januar 2007 wesentlich verändert. Zur nachhaltigen Sicherung der Stabilität der internationalen Finanzmärkte und damit zur Risikobegrenzung wurden Vorschläge zur Einführung und Verbesserung risikoadjustierter Eigenmittelanforderungen gemacht. Bereits heute ist ein sogenanntes »Rating« unumgängliche Voraussetzung im Rahmen der Kapitalbeschaffung.[13] Ein integriertes, operativ und strategisch ausgerichtetes Risikomanagement wird dadurch zur unternehmerischen Notwendigkeit.

Wer keinen proaktiven Risikomanagementprozess nachweisen kann, hat gravierende Nachteile im harten Wettbewerb um Finanzierungsmittel. Dies gilt im Besonderen auch für die Automobilindustrie, die im Rahmen ihrer großvolumigen Projekte häufig einen hohen Vorfinanzierungsbedarf hat. So führte die Umstellung der Kreditfinanzierungen von »Basel I« (Eigenkapital in Höhe von 8 Prozent des Kreditvolumens) zu »Basel II« (Risikodifferenzierte Vorgehensweise mit stärkerem Bonitätsfokus) zu neuen Herausforderungen in der Branche, wenn es darum geht, Kapital zu beschaffen, um künftige Erfolgspotentiale entwickeln und für den Markt umsetzen zu können. Die neue Eigenkapitalvereinbarung aus »Basel II« hat unter anderem zur Folge, dass im Vorfeld einer Kreditvergabe systematische und durchaus plausible Methoden (z.B. VDA Rating-Tool R-CockpitTM) zur Bewertung der Risiken angewandt werden. Dies geschieht in den meisten Fällen über sogenannte Ratingverfahren, dem harte Einflussfaktoren (wie Liquiditätsmanagement, Bilanzen, Gewinn- und Verlustrechnungen, Cashflow, Eigenkapital-Fremdkapital-Quote etc.) sowie weiche Einflussfaktoren (Unternehmensführung, Strategie, Organisation, Forschungs- und Entwicklungsaktivitäten, Marktposition etc.) zugrunde liegen. Diese Einflussfaktoren betreffen aber nicht nur das individuelle Ratingergebnis, sondern natürlich auch den Erfolg und Misserfolg eines Unternehmens im Allgemeinen – heute und in Zukunft.

Deshalb erkennen Unternehmen vermehrt auch den Mehrwert eines professionellen Risikomanagements. Nicht nur, um den gesetzlichen Anforderungen gerecht zu werden, sondern auch, um am Markt langfristig überleben zu können. Genauso wie Hans Kammerlander und

13 Vgl. ebenda.

seine Expeditionspartner das vordergründige Ziel verfolgen, ihre Abenteuer an den höchsten Bergen der Welt zu überleben.

Die Voraussetzungen, um richtige Entscheidungen überhaupt treffen zu können sind dieselben, nämlich die Risiken zu kennen und entsprechend richtig einschätzen zu können. Die Methoden zur Einschätzung von Risiken sind in der Automobilindustrie natürlich andere als beim Höhenbergsteigen, aber ebenfalls sehr vielfältig: Sie reichen von sogenannten Failure Mode Effect Analysis (FMEA: Fehlermöglichkeits- und Einflussanalysen) über Marktstudien und Expertenbefragungen bis hin zu Sensitivitätsanalysen und Simulationen bestimmter Situationen.

Aufgrund des Gesetzes zur Kontrolle und Transparenz im Unternehmensbereich (KonTraG), aufgrund einer zunehmenden Bedeutung von Corporate Governance, aufgrund der Auswirkungen von »Basel II« und nicht zuletzt aufgrund dynamischer Veränderungen im internationalen Umfeld gewinnt Risikomanagement in der Automobilindustrie derzeit enorm an Bedeutung und ist hochaktuell. Eine einheitliche, klare und verständliche Methode zur Risikoeinschätzung gibt es aber bislang nicht, da die Ratingverfahren bei Investitionsvorhaben nur einen Bruchteil der unternehmerischen Komplexität abdecken können. So sind Kundennutzenanalysen, Funktionendiagramme, Mitarbeiterpotentiale, Unternehmenskultur u. a. nicht Bestandteil der Ratingverfahren. Es gibt noch nicht einmal ein gemeinsames Verständnis, was unter dem Begriff »Risiko« zu verstehen ist.

In der Automobilindustrie ist der Begriff bis heute einseitig negativ behaftet, obwohl Risiken in der Regel auch Chancen bieten. Spricht ein Automobilzulieferer beispielsweise von »Risk sharing«, so sieht das betroffene Unternehmen nie die Möglichkeit, über gemeinsame Projekte mit Partnern auch gemeinsame Erfolge erreichen zu können, sondern nur das Risiko, in gemeinsamen Projekten Verluste zu erleiden. Damit wird Risiko mit dem Eintritt eines negativen Ereignisses gleichgesetzt und auf diese Weise nur als die Möglichkeit künftiger ungünstiger Entwicklungen verstanden.

Dabei besteht der Sinn jeglichen unternehmerischen Handelns unter anderem auch darin, Risiken gezielt einzugehen, um daraus Nutzen erzielen zu können. Deshalb sollte Risiko nicht als reine Verlustgefahr, sondern zugleich auch als Gewinnchance betrachtet werden. Insofern schlage ich vor, im unternehmerischen Sinne in der partnerschaftlichen Zusammenarbeit nicht von »Risk sharing«, sondern von »Benefit sharing« zu sprechen.

Im Rahmen von sogenannten »Pay-on-production«-Modellen, die nichts anderes bedeuten, als dass Entwicklungskosten über die späteren Verkaufserlöse eines Produktes amortisiert werden sollen, wurde dieser Begriff von einzelnen Automobilherstellern bereits Mitte der 90er Jahre angewandt, ist aber mittlerweile fast durchgehend von »risk sharing« verdrängt worden. Wer Risiko ablehnt, verbaut sich auch die Chance auf Gewinn, und deshalb ist es empfehlenswert, Risiko als einen Oberbegriff zu verstehen, der in Chancen und Gefahren zu unterteilen ist.

Genauso wenig wie Hans Kammerlander risikolos seine Expeditionen erfolgreich durchführen und Gipfel erreichen kann, ist es in der Industrie denkbar, völlig risikolos zu agieren und sich dennoch langfristig erfolgreich im Markt zu behaupten. So beinhalten Internationalisierung, Unternehmensfusionen, In- und Outsourcingprozesse sowie Modelloffensiven und immer neue Leistungsmerkmale in Automobilen genauso viele Chancen auf Gewinn wie auf Verlust. Und so leitet sich auch der Begriff Risiko im Italienischen beispielsweise aus dem Wort »riscare« ab, was soviel heißt wie »eine Klippe umschiffen« oder allgemeiner ausgedrückt, »etwas zu wagen«.

Eine neutralere Auslegung des Risikobegriffs ist ratsam, zumindest wenn im industriellen Sinne von Risiko gesprochen wird. Das heißt nicht, dass ich hiermit grundsätzlich zu mehr industrieller Risikobereitschaft aufrufen möchte – nein, ich möchte vielmehr dafür sensibilisieren, dass es Risiken gibt, die man aus unternehmerischer Sicht eingehen sollte, weil es sich lohnt. Risiken, die man sich leisten kann.

Mir scheint, als würden gerade in Zeiten dynamischer Veränderungen, wie wir sie derzeit in der Automobilindustrie aufgrund gesättigter Triademärkte nun mal antreffen, Risiken jeglicher Art verpönt sein. Unabhängig davon, welche Eintrittswahrscheinlichkeit eines Risikos vorliegt und welche Tragweite das Eintreten eines bestimmten Risikos hat: Risiken – so wird postuliert – sollte man grundsätzlich vermeiden. Dies geschieht auch aus Angst um die eigene Karriere. Auch wenn die Gewinnchancen noch so groß sind und ein Verlust zu verschmerzen wäre, werden vielfach Risiken nicht eingegangen, weil niemand die Verantwortung dafür übernehmen will.

Risikofaktor »Management«

Risikomanagement kann als ein Prozess verstanden werden, der in die Phasen Identifikation, Analyse, Quantifizierung sowie Steuerung und Kontrolle der Unternehmensrisiken unterteilt werden kann. Risiken dürfen dabei nie isoliert erfasst, evaluiert und visualisiert werden, sondern müssen aus einer ganzheitlichen, gesamtunternehmensbezogenen Perspektive betrachtet werden. Das heißt, dass Risiken in ihrer Gesamtheit nur vom Management, von der Führung einer Unternehmung richtig eingeschätzt werden können. Soviel zur Theorie.

In der Praxis ist es aber häufig so, dass Risikoanalysen von Mitarbeitern durchgeführt werden müssen, die aufgrund ihrer Funktion im Unternehmen den Gesamtüberblick gar nicht haben können. Auf diesem Weg entzieht sich das Management häufig der Verantwortung für eine bestimmte Entscheidung. Doch muss es letztendlich die Aufgabe eines Managers sein, Verantwortung zu übernehmen. Denn dafür erhält er die erforderlichen Befugnisse und auch dafür wird er letztlich bezahlt.

Sicherlich kann das tatsächliche Ergebnis einer unternehmerischen Entscheidung von dem erwarteten Ergebnis abweichen, was zuweilen unangenehm sein kann und möglicherweise Konsequenzen nach sich zieht. Dies kommt vor und zeigt, welche Gefahr das Management für das Unternehmen darstellen kann, wenn beispielsweise eine nicht marktgerechte Strategie oder eine wenig leistungs- und ergebnisorientierte Unternehmenskultur verfolgt wird.

Aber zu den Kerntätigkeiten eines Managers gehören nicht nur der Entscheidungsprozess selbst, sondern auch die Risikoanalyse und die Durchsetzung sowie die Umsetzung aller damit verbundenen Entscheidungen. Entscheidet das Management in bestimmten Situationen nicht, um keine Fehlentscheidung zu treffen, so kann dies ein ebenso hohes Risiko bedeuten wie eine falsche Entscheidung. Selbstverständlich sind für Entscheidungen viele Informationen erforderlich, die von Mitarbeitern oder Dritten beschafft werden können, und viele innerbetriebliche Faktoren und Zusammenhänge von Bedeutung, aber die Verantwortungsdelegierung einer Entscheidung – wie wir sie heute in vielen Fällen vorfinden – ist undenkbar. Genauso wenig akzeptabel ist das Aufschieben, Verdrängen, Ignorieren oder grenzenloser (Zweck-)Optimismus bei Entscheidungen.

Manager müssen Entscheidungen treffen und Verantwortung übernehmen – genauso wie Hans Kammerlander es tut, vor allem in kritischen Situationen. Immer wieder hat der Südtiroler in verschiedenen Zusammenhängen davon berichtet, dass er im Zweifel lieber selbst im Vorstieg klettert und die Verantwortung übernimmt, bevor er andere in kritische Situationen bringt. Dies setzt fundiertes Erfahrungswissen voraus, das in der industriellen Praxis wie auch beim Höhenbergsteigen auf fachlichen, methodischen und sozialen Fähigkeiten basiert.

Somit muss Risikomanagement als lernendes, sich entwickelndes und intelligentes System verstanden werden, um langfristige Erfolgspotentiale zu sichern und wesentliche bis hin zu existenzbedrohenden Risiken frühzeitig abzuwenden.[14] Entscheidend ist dabei, dass man als Manager die Fähigkeiten der eigenen Unternehmung richtig einschätzen kann und bei der Risikoanalyse weder die »rosarote Brille« aufsetzt noch ein »überkritisches Messniveau« zur Anwendung bringt.

Um die Fähigkeiten der eigenen Unternehmung richtig einschätzen zu können, ist es aus nachvollziehbaren Gründen erforderlich, das Unternehmen und dessen Fähigkeiten auch zu kennen. Deshalb wundere ich mich seit Jahren darüber, wie hohe und höchste Stellen in kurzen Abständen von immer neuen Führungskräften besetzt werden. Dies kann nur daran liegen, dass heute primär auf Funktionen und nicht so sehr auf die tatsächlichen Ergebnisse eines Managers geachtet wird. Der »Job Hopper« ist zwar modern geworden, aber ein Resultat fehlgeleiteter Personalpolitik und missverstandener Karrierevorstellungen sogenannter Manager. Während beim Extrembergsteigen Stärken und Schwächen eines Expeditionsteilnehmers sofort offensichtlich werden, verschleiern so manche Manager ihre industrielle Inkompetenz durch gekonnten Smalltalk und andere gesellschaftskonforme Rituale, die noch immer von großer Bedeutung zu sein scheinen.

»Job Hopper« sind Leute, die Positionen sammeln – Durchgangspositionen – statt konkret messbare und wirksame Ergebnisse. Die Lebensläufe dieser »Karrieristen« sind auf den ersten Blick oftmals recht beeindruckend. Sie enthalten lange Listen von Stellen, die sie innehatten, mit meist imponierenden Bezeichnungen. Bei genauerer Analyse des Berufsweges findet man allerdings zwei Dinge nicht, nämlich Verantwortung und Ergebnisse – und vor allen Dingen: Verantwortung für Ergebnisse. Das ist aber das einzige, was in der Wirtschaft zählt und zählen sollte.[15]

Dies gilt in besonderem Maße für jene Manager, die in schwierigen Situationen die Verantwortung für ein Unternehmen tragen. Denn die Ergebnisse einer strategischen Neuausrichtung und die damit verbundenen strukturellen Anpassungsleistungen lassen sich oftmals erst Jahre nach den Entscheidungen beurteilen, da sie erst dann wirksam werden. Und deshalb halte ich es für erforderlich, die Entwicklung von Unternehmen nicht nur am aktuellen Erfolg und vorläufigen Bilanzen festzumachen, sondern über mehrere Jahre hinweg zu analysieren.

14 vgl. Reichmann, T.: Controlling mit Kennzahlen u. Managementberichten, 2001, S. 288.

15 Vgl. Malik, F.: Gefährliche Managementwörter 2005, S. 88.

ns Kammerlander bei seinem ersten Versuch am K2 im Jahr 1999.

K2 – Berg der Berge.

Pakistanische Träger auf dem Weg zum K2.

ɛileis am K2.

denktafeln im Basislager des K2.

Schneefahnen am Gipfelgrat des Jasemba.

Basislager am Jasemba bei exzellenten Wetterbedingungen.

skundschaften der Route.

Karl Unterkircher steigt mit Hilfe einer Seilklemme am fixierten Seil nach oben.

Begleitträger der Jasemba-Expedition 2007.

Blick in Richtung des Nangpa-La-Passes im Abendlicht.

Diese Empfehlung gilt für Analysten genauso wie für Personalverantwortliche und Journalisten.

Eine risikoorientierte Unternehmensführung muss nämlich im Kern darauf ausgerichtet sein, den Fortbestand einer Unternehmung zu sichern und nicht ausschließlich die aktuelle Ertragskraft und kurzfristige Unternehmenskennzahlen in den Fokus zu rücken. Deshalb muss die Risikopolitik eines Unternehmens als integraler Bestandteil der Unternehmensstrategie verstanden werden, die nicht nur den Bilanzgewinn, sondern auch die Steigerung des Marktwertes einer Unternehmung berücksichtigen sollte.

Der Unternehmenswert resultiert nämlich nicht nur aus dem reinen Entwicklungs-, Produktions- oder Vertriebsvermögen, sondern aus einer Vielzahl an schwer bewertbaren Kriterien wie Image, Markenwert oder Mitarbeiter-Know-how, die im Rahmen eines professionellen Risikomanagements aber berücksichtigt werden müssen. Und so gilt es, im Rahmen eines ergebnisorientierten Risikomanagements Ziele zu verfolgen, die einerseits eine relativ risikolose Ertragserwartung zulassen, und andererseits Ziele zu verfolgen, die durch ein etwas höheres Risiko auch mehr Ertrag versprechen. Notwendige Voraussetzung für die Realisierung von Zielen ist aber stets die Kenntnis der Risiken bei einer Entscheidung.

Best practice: Risikomarkt Brasilien

Selbstverständlich gibt es aber auch in der Automobilindustrie Risiken, die nur schwer einschätzbar sind. Ein Beispiel hierfür ist die Entwicklung des brasilianischen Automobilmarktes in den vergangenen fünf Jahren.

Brasilien stellte bis Mitte 2005 zweifellos einen der bedeutendsten Wachstumsmärkte der weltweiten Automobilindustrie dar und galt in der Branche viele Jahre als »Emerging Region Nummer eins«. Noch heute bescheinigen viele Analysten dem größten lateinamerikanischen Land trotz starker Konjunkturschwankungen in der Vergangenheit ein enormes Zukunftspotential. Seit zu Beginn der 90er Jahre durch die selektive Marktöffnung und den politischen Wandel hin zu einer neoliberalen Strukturanpassungspolitik das Interesse aller großen Hersteller und Zuliefer-Multis geweckt werden konnte, ist Brasilien zu einem beliebten Investitionsziel geworden. Allein die Größe des Landes und die Beteiligung an dem Wirtschaftsabkommen Mercosur (Mercado Común del Cono Sur; Zollunion zwischen Argentinien, Brasilien, Paraguay und

Uruguay) eröffnen westlichen Unternehmen die Chance, einen umfangreichen Binnenmarkt zu erschließen, der zudem den Zugang zu Mittelamerika verspricht.

Statistisch betrachtet besitzt in Brasilien heute etwa jeder neunte Einwohner ein eigenes Automobil, so dass bezogen auf den etwaigen Gesamtbedarf grundsätzlich noch erhebliches Potential bis zur Marktsättigung besteht. In Deutschland beispielsweise besitzt im Durchschnitt bereits jeder Zweite ein eigenes Auto. So wurden allein im Jahr 2004 in Brasilien mehr als zwei Millionen Fahrzeuge hergestellt, wobei die amerikanischen (z.B. Celta von General Motors), deutschen (z.B. ein Nutzfahrzeug für Brasilien von VW) und italienischen Marken (z.B. Palio von Fiat) den Hauptanteil (ca. 85 Prozent) produzierten. Bis 1992 wurde der lokale Markt zwischen den Herstellern General Motors, Ford, VW, Daimler Chrysler, Fiat, Toyota, Scania und Volvo aufgeteilt. Heute sind etwa 15 Automobilhersteller in Brasilien tätig, wobei die erstgenannten Unternehmen noch immer den Löwenanteil produzieren.

Dank eines bilateralen Automobilabkommens zwischen einem lateinamerikanischen Wirtschaftsblock unter dem Vorsitz von Brasilien und Argentinien einerseits und der EU andererseits, das die bestehenden Einfuhrzölle abschaffen oder zumindest reduzieren sollte, erwartete man noch Mitte 2005 eine weitere Belebung des brasilianischen Marktes. Zudem war Brasiliens Bruttoinlandsprodukt 2004 gestiegen – sehr zur Zufriedenheit derer, die sich bis dahin um die Nachhaltigkeit des wirtschaftlichen Erfolges Brasiliens sorgten.

Gleichzeitig stieg auch die PKW- und NFZ-Nachfrage im Inland. Verschiedenen Studien zufolge könnten von modernen, aber landesspezifischen Neuwagen, die im Preissegment von Kleinwagen liegen, in zehn Jahren mindestens zwei Millionen Fahrzeuge pro Jahr allein in Südamerika verkauft werden. Deshalb stellten sich noch Mitte 2005 die meisten Automobilhersteller darauf ein, immer weniger Erste-Welt-Autos in Zweite- und Dritte-Welt-Länder zu exportieren, sondern konzentrierten sich vielmehr darauf, landesspezifische Produkte anzubieten, wie beispielsweise der speziell für den osteuropäischen Markt lancierte Dacia Logan von Renault zeigt, der auch in Südamerika produziert werden sollte.

So arbeitete auch Volkswagen do Brasil noch bis 2005 verstärkt an verschiedenen Modellen für den lokalen Markt, sowohl im PKW- als auch im NFZ-Bereich. VW produzierte in Brasilien bis 2004 überwiegend Fahrzeuge, die auf europäischen Modellen und Plattformen basierten, wie beispielsweise der sogenannte Gol, der bis heute meist verkaufte PKW in Brasilien. Der neue Fox, vorgestellt auf der Automobilmesse in Leipzig Anfang April 2005, war aber bereits ein weitgehend in Brasilien realisiertes Fahrzeug, das in seiner Basisversion nur etwa 9.000 Euro kosten sollte. Das Ziel, Fahrzeuge in Brasilien nicht nur zu produzieren, sondern verstärkt auch zu entwickeln, wurde nicht nur von VW verfolgt. Die meisten Automobilhersteller hatten festgestellt, dass Entwicklungskosten und Entwicklungsqualität in Brasilien in einem äußerst günstigen Verhältnis stehen, und sich dazu entschieden, Leistungen aus Südamerika gezielt in ihre Produktentstehungsprozesse zu integrieren. Das stetige Bemühen der brasilianischen Regierung, höherwertige Technologien und Dienstleistungen ins Land zu holen, spürt man vor allen Dingen in den Ballungszentren São Paulo, Bahia, Rio de Janeiro und Paraná.

Da vor allem das brasilianische Küstengebiet verstärkt von den Automobilherstellern als Niederlassung gewählt wurde, wurden auch zahlreiche Automobilzulieferer dort ansässig. Systemlieferanten wie Bosch, Thyssen und ZF, Entwicklungsdienstleister wie EDAG, IVM und Rücker erzeugen im Großraum São Paulo eine fast westeuropäisch anmutende Industrielandschaft. Infrastruktur und Logistik weisen bis heute einen hohen Entwicklungsstand auf.

Eine Studie über die brasilianische Industrie, die von der Entwicklungsbank BNDES durchgeführt und veröffentlicht wurde, untersuchte im Jahr 2004 die Wettbewerbsfähigkeit der Automobilbranche gegenüber anderen lokalen Industrien. Laut dieser Studie wären es vor allem die technologieintensiven Wirtschaftszweige wie die Automobilindustrie, die in Brasilien zunehmend Weltmarktanteile erobern würden. Diese Wirtschaftszweige würden gegenüber weniger technologieintensiven Wirtschaftszweigen vor allem eine gut ausgebildete Infrastruktur benötigen, eben so, wie sie in Brasilien bereits gegeben war, in weitaus weniger entwickelten Ländern wie China oder auch Indien jedoch noch fehlen würde. Dies erklärt die Fokussierung auf den lateinamerikanischen Markt.

So stiegen die Investitionen der deutschen Automobilindustrie von etwa 250 Millionen US-Dollar im Jahr 2002 auf etwa 1 Milliarde US-Dollar im Jahr 2005.

Zusammengefasst war Brasilien bis Mitte 2005 also ein Zukunftsmarkt, weil

- eine hochentwickelte und günstige physische Logistik in den Ballungszentren (São Paulo, Bahia) vorhanden war;
- nur 110 von 1.000 Brasilianern einen eigenen PKW besaßen (Deutschland: 500 PKWs je 1.000 Einwohner);

- OEMs wie GM, Ford, VW und DC schon seit Jahrzehnten in Brasilien aktiv waren und über einen hohen Qualifikationsstand verfügten;
- neue OEMs wie beispielsweise der indische Automobilhersteller Tata den brasilianischen Markt für sich entdeckten (in Summe ca. 15 aktive Automobilhersteller);
- in Brasilien nicht nur Autos produziert, sondern auch entwickelt werden sollten;
- der Markt das Tor zu anderen lateinamerikanischen Märkten darstellte.

Mitte 2005 änderten sich diese Rahmenbedingungen dann aber schlagartig, da sich der brasilianische Real gegenüber dem US-Dollar (und dem Euro) so negativ entwickelte (30 Prozent Teuerung gegenüber dem Vorjahr 2004), dass ein effizienter Leistungserstellungsprozess in Brasilien nicht mehr darstellbar war. Gleichzeitig erhöhten sich die Zinsen sowie die Kosten für Pensionsversicherungen, Gemeindesteuern und alle weiteren Gemeinkosten. Die Marktsituation änderte sich dramatisch, wie an der Geschäftsentwicklung vieler Automobilunternehmen studiert werden kann.

Da die Bedrohung einer instabilen Währung aber bereits aus der Vergangenheit bekannt war, konnten einige Unternehmen durch die Sicherstellung und die Einleitung von Gegenmaßnahmen größeren Schaden vermeiden. Durch ein gezieltes »Scanning« der Unternehmensumwelt, durch »Frühwarnsysteme«, die die Bedrohung frühzeitig signalisierten und durch ein stetiges »Monitoring« konnte das identifizierte Problem rechtzeitig beherrscht werden.[16] All jene Unternehmen, die sich lediglich auf ein reaktives Risikomanagement verließen, erlitten zum Teil erheblichen Schaden. Für diese Unternehmen war die Anzahl der Handlungsmöglichkeiten und damit die Manövrierfähigkeit deutlich geringer und damit der Reaktionszeitraum natürlich kürzer.

Der Beobachtungsbereich des Managements sollte aber selbstverständlich nicht nur Währungsschwankungen, sondern auch gesamtwirtschaftliche, politische, soziale, technologische, ökologische und viele andere Kriterien umfassen. Das Beispiel zur brasilianischen Marktentwicklung in den vergangenen Jahren zeigt, dass sich auch in der Industrie äußere Bedingungen schlagartig ändern können, die nicht kalkulierbar sind. Es zeigt aber auch, dass die Gefahren dennoch durch eine sorgfältige Analyse der Umweltbedingungen reduziert werden können.

---

16 Vgl. Krystek, U. / Müller-Stewens, G.: Frühaufklärung für Unternehmen, 1999, S. 501 ff.

Dies setzt nicht nur ein fundiertes Erfahrungswissen voraus, sondern auch die richtige Einschätzung der eigenen Fähigkeiten.

Unabhängig von der beschriebenen wirtschaftlichen Brisanz zeigt die Fallstudie aber auch, dass zunächst alle risikorelevanten Informationen erhoben werden müssen, damit eine proaktive Entscheidung in kritischen Situationen überhaupt möglich wird. Im Projektgeschäft spricht man von »Frontloading«, das natürlich für alle Geschäftsprozesse seine Gültigkeit haben sollte.

Management Summary

Mit dem angeführten Beispiel schließt sich der Kreis zu den Ausführungen Hans Kammerlanders. Für den Extrembergsteiger und das Management in der Automobilindustrie gilt gleichermaßen:

1. Bedeutende Risiken mit schwerwiegenden Konsequenzen dürfen nicht eingegangen werden. Da es immer wieder zu unvorhergesehenen Gefahren kommen kann – wie die tragischen Ereignisse am Manaslu und Jasemba zeigen –, sollte man keinesfalls die Gefahren durch bekannte Risiken mit schwerwiegenden Konsequenzen noch durch zusätzliche Risiken erhöhen. Was den Umgang mit Risiken angeht, so ist Hans Kammerlander zu Recht stolz darauf, dass bei keiner seiner Expeditionen auch nur ein Träger oder Sherpa je zu Schaden gekommen ist. Ihnen gilt seine größte Sorge, denn im Gegensatz zu seinen Seilgefährten, die als professionelle und höchstqualifizierte Bergführer um die Risiken wissen, verfügen die Helfer nicht über vergleichbare Kompetenzen.

   Auch in der Wirtschaft können unvorhersehbare Risiken eintreten – wie das Beispiel der brasilianischen Automobilindustrie zeigt. Auch hier ist offensichtlich, dass nur jene Unternehmen an der Eroberung des südamerikanischen Marktes teilhaben sollten, die sich das Währungsrisiko auch definitiv leisten konnten. All jene Unternehmen, die durch die Marktentwicklung in Konkurs gingen oder zum Übernahmekandidaten wurden, haben fahrlässig und gegenüber Kunden, Gesellschaftern und Mitarbeitern unverantwortlich gehandelt.

2. Mittlere Risiken mit zu verschmerzendem Schaden, aber guten Chancen können und sollten gelegentlich eingegangen werden. Wäre Hans Kammerlander diese nicht eingegangen, so hätte er sich de facto nicht zu einem der weltweit erfolgreichsten Bergsteiger entwickeln können. Und so zieht er als Profibergsteiger in Extremsitua-

tionen auch Verletzungsrisiken bewusst ins Kalkül, wobei er diese aber exakt analysiert.

Die gleiche Vorgehensweise empfiehlt sich auch für Manager, die Risiken eingehen, die sich eventuell spürbar auf den Jahresüberschuss oder den Cashflow auswirken könnten, den Fortbestand des Unternehmens aber nicht gefährden. Marktrisiken, Finanzrisiken, rechtliche Risiken, Betriebsrisiken, Umweltrisiken und viele andere Risikoarten müssen jedoch bekannt und deren Auswirkungen einschätzbar sein, bevor man sie eingeht. Dies erfordert wiederum eine richtige Einschätzung der Fähigkeiten des Unternehmens.

3. Erfolgversprechende Entscheidungen mit unbedeutenden Risiken, die im Eintrittsfall nur marginale Auswirkungen haben, sollten jederzeit eingegangen werden. Entscheidend ist allerdings, dass man sich auch dabei seiner Verantwortung bewusst ist. So berichtet Hans Kammerlander, dass am Berg noch nie ein Träger vor ihm gestiegen ist, er nie ein Hochlager von einem seiner Sherpas errichten ließ. Selbst bei Routen, die er ausschließlich mit Expeditionspartnern realisiert, bevorzugt er stets selbst den Vorstieg, um andere nicht zu gefährden.

Auch Manager der Automobilindustrie sollten als »Führungskraft« mit aller Konsequenz die Verantwortung für ihr Handeln übernehmen. Ganz unabhängig davon, ob die Risiken schwerwiegend oder eher unbedeutend sind.

IV Projektmanagement

»Als sie ihr Ziel aus den Augen verloren hatten,
verdoppelten sie ihre Anstrengungen.«
Mark Twain

Juni 1984 | Überschreitung von Gasherbrum II und Hidden Peak 8.068 m/8.035 m (Pakistan)

Betroffen lese ich am 20. Juli 2007 auf der Titelseite einer großen Münchner Tageszeitung, dass sich in den vergangenen Tagen im Himalaja wieder ein Bergunglück zugetragen hat. Ein vierköpfiges Bergsteigerteam, darunter ein Münchner und ein Berchtesgadener, waren auf dem Weg zum Gipfel des Gasherbrum II, als sie auf 6.700 Metern Höhe eine Lawine überraschte. Die tragische Geschichte stimmt mich besonders nachdenklich, weil mir gerade meine Überschreitung von Gasherbrum II und Hidden Peak (offizielle Bezeichnung: Gasherbrum I) sehr intensiv in Erinnerung geblieben ist.

Rückblende: Wir schreiben den 29. Juni 1984 und befinden uns in einem äußerst notdürftigen Biwak, eigentlich einem Freilager auf dem Gasherbrum-Gletscher im Nordosten Pakistans. Obwohl die Feuerpunkte und Rauchschwaden des nur noch wenige Stunden entfernten Basislagers bereits deutlich sichtbar sind, entscheiden wir – Reinhold Messner und ich – uns dazu, noch eine letzte Nacht in der von Gletscherspalten zerklüfteten Eiswüste zu biwakieren. Der Tag war äußerst anstrengend und unvorstellbar nervenaufreibend gewesen, so dass ich erleichtert bin, nun doch noch ein wenig Ruhe zu finden.

Gleich zwei Mal hatte ich mich im Laufe des Tages meines stets aufmerksamen Schutzengels bedienen müssen: das erste Mal, als ein tonnenschwerer Felsturm von der Größe eines mehrstöckigen Hochhauses direkt hinter uns zusammenkrachte, gerade nachdem wir die steilen Hänge an seinem Fuß passiert hatten; das zweite Mal, als ich mich – nur noch von unserer sechs Millimeter dünnen Reepschnur gehalten – in einer endlos tiefen Gletscherspalte wiederfand.

Und obwohl ich das Getöse des einbrechenden Felsturms noch immer in den Ohren habe, mir vom halbstündigen Kampf in der Spalte noch alle Gliedmaßen einigermaßen weh tun und es mit hereinbrechender

Nacht auch wieder nebelig und kalt wird, empfinde ich ein tiefes und angenehmes Gefühl von Zufriedenheit und Erleichterung. Zufriedenheit über das Geleistete.

Denn unser ambitioniertes Projekt einer direkten Überschreitung zwei herausfordernder Achttausender in einem Zug scheint geglückt zu sein. Trotz des markerschütternden Felssturzes und des unerwarteten Falls in die gähnende Gletscherspalte beginne ich langsam, aber sicher an den Erfolg dieses extremen »Grenzgangs« zu glauben.

Die bedrohlichen Situationen des heutigen Nachmittags gehörten mit Sicherheit zu den gefährlichsten Augenblicken meines bisherigen Bergsteigerlebens, aber letztlich sind sie doch äußerst glimpflich verlaufen. Der Felsturm hat uns noch nicht einmal eine Schramme zugefügt, und mit Reinholds Hilfe konnte ich auch unversehrt aus der Gletscherspalte herausklettern, die letztlich genug Halt bot, um eine zigfach geübte Bergrettung in der Praxis durchzuführen.

Ohne Schlafsack, ohne isolierende Matte unter meinem Rücken und ohne dass ich in den letzten drei Tagen auch nur ansatzweise ausreichend getrunken hatte, liege ich gedankenverloren in unserem Minizelt am Fuße dieser gigantischen Bergriesen und sinniere vor mich hin. Erstmals habe ich nun auch selbst das Gefühl, wahrhaft Alpingeschichte geschrieben zu haben. Langsam, ganz langsam wird mir das Erreichte bewusst, und stolz denke ich an mein persönliches Gipfelbuch, das mit dem Expeditionserfolg um gleich zwei Achttausender ergänzt werden kann. Gleichzeitig weiß ich nun auch, dass ich die Grenzen immer noch ein Stück weiter hinausschieben kann und was ich unter extremsten Bedingungen zu leisten imstande bin.

In diesem Moment ist mir auch klarer denn je, warum ich letztendlich immer wieder Leistungen auf diesem Niveau erbringen möchte und welch weiten Weg ich bis hierher gegangen bin: Es geht mir im Kern darum, Expeditionen der extremsten Art durchführen zu können. Mit leisem Lächeln erinnere ich mich an die Anfänge meines »Bergsteigerdaseins« – an meine erste heimliche Wanderung als Achtjähriger hinter zwei Touristen auf den 3.060 Meter hohen Moosstock her, an meine ungesicherten und gefährlichen Kletterpartien in den heimischen Dolomiten, an den ersten Durchstieg der Peitlerkofel-Nordwand mit meinem Bruder Alois, an den ersten Kletterkurs im Jahr 1971 und die prägenden Erlebnisse an den großen Alpenwänden Mitte der 70er Jahre.[17]

---

17 Vgl. Kammerlander, H.: Unten und oben, 2002.

Selbst als ich die Matterhorn-Nordwand, die Eiger-Nordwand und den Walkerpfeiler am Grandes Jorasses in noch jugendlichem Alter gemeistert hatte, dachte ich noch nicht einmal im Traum daran, mit dem »großen« Reinhold Messner einmal selbst Berggeschichte schreiben zu können. Doch gerade diese hochexplosive Mischung aus jugendlicher Unbekümmertheit und waghalsigem Draufgängertum brachten mich letztlich hierher – und so schmunzle ich darüber, wie ich früher in schwierigen und langen Kletterrouten nahende Schlechtwetterwolken oftmals nur aus den Augenwinkeln beobachtete, da ich mir einbildete, sie sähen so weniger bedrohlich aus.[18] Wollte ich mir das Erreichen meiner ambitionierten Ziele doch nicht vom Wetter vereiteln lassen.

Nach der erfolgreichen Besteigung des Cho Oyu am 5. Mai 1983 bin ich nun, nur ein Jahr später, richtig im Himalaja angekommen. Die bislang noch nicht wiederholte, erste Überschreitung zweier Achttausender in direkter Linie liegt hinter uns, und im Vergleich zu den Strapazen der vergangenen sieben Tage erscheint mir der Abstieg ins Basislager eher unproblematisch zu sein. – Hier ist es also wieder, das kindliche Gemüt, das man nicht verlieren darf, um auch in kritischen Situationen überleben zu können.

Der Hidden Peak (bzw. Gasherbrum I) und der Gasherbrum II liegen im äußersten Nordosten Pakistans, in einem Gebiet, das Karakorum genannt wird, was soviel heißt wie »schwarzes Geröll«. Gemeinsam mit dem K2, dem unangefochtenen »Berg aller Berge«, und dem Broad Peak speisen die Schnee- und Eismassen der Gasherbrums den über 60 Kilometer langen Baltoro-Gletscher. Hidden Peak und Gasherbrum II verbindet ein steiler, äußerst markanter und kombinierter Grat, der im »Gasherbrum La« – einem Sattel in etwa 6.500 Metern Meereshöhe – seinen tiefsten Punkt hat. Das Ziel von Reinhold und mir war es also, zuerst den einen Gipfel zu erklimmen, dann in den Sattel abzusteigen, um von dort ohne Unterbrechung auf den zweiten Gipfel zu steigen.

Nachdem Reinhold bereits im Juli 1982 die Besteigung des Gasherbrum II und des Broad Peak in etwas weniger als acht Tagen gelang und er im Mai desselben Jahres bereits unter spektakulären Bedingungen den Kangchendzönga-Gipfel erreicht hatte, schien die direkte Überschreitung zweier Achttausender nur eine logische Konsequenz der Vorjahresprojekte zu sein. In seinem Buch »Berge versetzen – Das Credo eines Grenzgängers« schreibt Reinhold, dass die Idee, mehrere Achttausender im Rahmen einer einzigen Reise zu besteigen, ursprünglich die Idee von Friedl Mutschlechner gewesen sei. Weiter führt er aus, dass die »Erobe-

18 Vgl. ebenda.

rung des Nutzlosen« – wie der Franzose Lionel Terray das Bergsteigen einmal bezeichnet hat, plötzlich wieder einen Sinn haben würde: einmaliges Training, einmalige Akklimatisation, einmalige Finanzierung, vielfältige Auswertungsmöglichkeiten einer solchen Expedition. Das heißt, dass durch die Besteigung zweier oder mehrerer Achttausender in einem Zug Synergieeffekte genutzt werden können, die es bei Expeditionen an einem einzelnen Berg nicht gibt.

Nach reiflicher Überlegung und auf meinen Vorschlag hin entschieden wir uns also bereits in der Planungsphase für dieses »Großprojekt Überschreitung« dazu, zuerst den Gasherbrum II und dann den Hidden Peak zu besteigen. Auf diese Weise würden wir nämlich von oben in zwei gefährliche Lawinenflanken einsteigen, die im schlimmsten Fall das Abtreten gefährlicher Schneebretter von oben zur Folge hätte und nicht, wie im gegenläufigen Fall der Route, eine erhebliche Lawinengefahr für uns im Aufstieg bedeuten würde. Darüber hinaus würden wir natürlich auch unsere Durchstiegszeiten durch gefährliches Gelände erheblich verkürzen können, und mehr denn je kam es bei dieser außergewöhnlich anspruchsvollen Überschreitung auf Schnelligkeit an.

Schnelligkeit ist beim Bergsteigen gleichbedeutend mit Sicherheit, und Sicherheit stellt bis heute die Maxime meines Handelns an den höchsten Bergen der Welt dar. Vorreiter dieser Überlegungen zum Thema »Schnelligkeit am Berg« war der von mir sehr geschätzte Innsbrucker Hermann Buhl, der am 27. Juni 1957, also ziemlich genau 27 Jahre vor unserer Überschreitung, mit Kurt Diemberger den Gipfel des Broad Peak erreichte und nur wenige Tage nach diesem Erfolg an der Chogolisa tödlich abstürzte. Reinhold Messner und andere Höhenbergsteiger perfektionierten Buhls Vorgehen, indem sie durch immer weniger Gewicht und immer weniger Aufwand am Berg die Zeit in den gefährlichen Zonen drastisch minimierten. Zum Gipfel des 8.202 Meter hohen Cho Oyu benötigten Reinhold, Michael Dacher und ich im Vorjahr nicht einmal drei Tage, obwohl wir in der Südwestwand eine Erstbesteigung realisierten.

Auch ich verfolgte von frühester Jugend an das Ziel, den Berg in Blitzaktionen zu erklimmen. So bereits mit meinem Freund und langjährigen Seilpartner Werner Beikircher, als wir beispielsweise durch die Matterhorn-Nordwand stiegen, und so agiere ich noch heute.

Die Philosophie, die Reinhold bei der Besteigung all seiner Achttausender verfolgte, ist mit meiner absolut deckungsgleich und so ergänzten wir uns bei allen sieben Achttausendern, die wir zwischen 1982 und 1986 gemeinsam bestiegen, annähernd optimal. Darüber hinaus kennzeichnen Reinhold Messner bekanntermaßen ein phänomenaler Instinkt am Berg und ein herausragendes Organisationstalent, das er bei all unseren gemeinsamen Expeditionen immer wieder eindrucksvoll unter Beweis stellte und mir bei meinen ersten eigenen Expeditionen als Vorbild diente. So waren auch die Vorbereitungen zu unserer Überschreitung von Gasherbrum II und Hidden Peak exzellent verlaufen, so dass wir uns voll und ganz diesem »Grenzgang der besonderen Art« widmen konnten.

Die Vorbereitungen zu einem solch extremen Vorhaben sind unglaublich umfangreich und reichen von der offiziellen Genehmigung (Permit für die Besteigung) über die Reiseplanung und andere Formalitäten, die Verpflichtung von – wie in diesem Fall – dreißig Trägern einschließlich Yaks bis hin zur Zusammenstellung aller Ausrüstungs- und Expeditionsutensilien wie Zelte, Seile, Sicherungstechnik und vieles, vieles mehr. Da kommt schnell eine Tonne Ausrüstung zusammen, um eine solche Überschreitung überhaupt ernsthaft angehen zu können.

Der Erfolg am Berg ist letztlich die Summe vieler einzelner Faktoren, wobei mit der Genauigkeit der Vorbereitungsmaßnahmen auch die Chance auf den Gipfelerfolg deutlich zunimmt. Das beginnt mit der richtigen Verpflegung und endet mit wirkungsvollen Kleinigkeiten wie der Mitnahme einer kleinen Feile, die dem Nachschleifen der Steigeisen in großen Höhen dient, da ein zweites Paar Steigeisen schon aus Gewichtsgründen undenkbar wäre.

Da man bei neuen Wegen in der Regel Fehler kaum vermeiden kann – und die Gasherbrum II-Hidden Peak-Überschreitung war ein solcher neuer Weg, so ist es gerade bei unbekannten Abenteuern von größter Bedeutung, dass alle unmittelbar beeinflussbaren und bekannten Faktoren hundertprozentig funktionieren. Darüber hinaus ist es bei Expeditionen, deren Ziel man zwar kennt, aber deren Weg unbekannt ist, von herausragender Bedeutung, die Kräfte gezielt zu bündeln und mit der zur Verfügung stehenden Energie richtig zu haushalten. Der Ressourceneinsatz, bezogen auf einen selbst und auf die Ausrüstung, ist ein erfolgsentscheidender Faktor. Als wir am 23. Juni 1984 am Gasherbrum-Gletscher starteten, hatten wir beispielsweise das kleinste und leichteste am Weltmarkt verfügbare Zelt dabei, ein Minimum an Verpflegung für genau sieben Tage und nur jene Ausrüstungsgegenstände, die uns unbedingt erforderlich erschienen, um das Abenteuer erfolgreich bestehen zu können.

Dabei ist der Grat zwischen unbedingt erforderlicher Ausrüstung und jenem Ballast, der weggelassen werden kann, natürlich äußerst schmal. Aber wie gesagt: Leichtigkeit bedeutet Schnelligkeit und Schnelligkeit bedeutet Sicherheit. Heute spricht man bei minimalistischen Expeditionen dieser Art von Besteigungen im »Alpinstil«, was nichts anderes heißt, als nach einer minutiösen und sorgfältigen Vorbereitung möglichst schnell die Gefahrenstellen am Berg zu überwinden und wieder vom Gipfel zurückzukehren.

Reinhold Messner hat den Alpinstil an den hohen Bergen hoffähig gemacht, weil er demonstrierte, dass man auch die höchsten Berge der Welt mit minimalem Aufwand und ohne künstlichen Sauerstoff besteigen kann. Zuvor waren diese Berge in der Regel nur mit kilometerlangen Fixseilen und zusätzlichem Sauerstoff bezwungen worden, was ganze Heerscharen von Trägern erforderlich machte. Zudem wurden die Berge bei diesen »klassischen Expeditionen« derart mit Leitern, Gletscherspalten-Brücken und anderen Aufstiegshilfen präpariert, dass man auf diese Weise auch die schwierigsten Passagen »gefügig« machen konnte. Für mein Verständnis sind das jedoch keine fairen Bedingungen. Zudem war diese Art der Expedition nicht nur unglaublich teuer, sondern auch enorm zeitaufwendig – und was den Grundsatz von Schnelligkeit und Sicherheit am Berg betrifft, gilt natürlich auch im Umkehrfall: Langsamkeit am Berg ist gleichbedeutend mit erhöhtem Risiko.

Reinhold und ich waren beim Start unserer Expedition sehr, sehr entschlossen, die geplante Überschreitung erfolgreich zu realisieren, auch wenn wir wussten, dass ab einem bestimmten Punkt, nämlich spätestens bei Erreichen des Gasherbrum-La, Umdrehen genauso schwierig sein würde wie Fortsetzen. Bei schlechten Wetterverhältnissen wären wir also in der Falle.

Und so waren wir froh, dass der erste Tag gutes Wetter brachte, die Spurarbeit auf dem langen und nicht allzu steilen Gasherbrum-Gletscher erträglich war und wir Kraft für die Folgetage sparen konnten. Nach einer ruhigen Nacht setzten wir unseren Weg zum Gipfel des Gasherbrum II fort, wobei unsere Route nun steiler und die Spurarbeit deutlich anstrengender wurde. Am Abend des zweiten Tages erreichten wir die 7.500-Meter-Marke, so dass wir trotz des kräftezehrenden Tages zuversichtlich waren, am folgenden Tag den Gipfel des Gasherbrum II erreichen zu können.

Die Nacht war schon aufgrund der Höhe wenig erholsam, und am Morgen fiel ich zudem noch direkt neben unserem Zelt in eine Gletscherspalte. Immerhin landete ich auf einer Eisbrücke, und so konnte ich mich rasch befreien und den Aufstieg fortsetzen. Das kombinierte Gelände wurde nun steiler und unübersichtlicher, aber als alpines Zweierteam kamen wir relativ zügig voran, auch wenn sich der schnelle und harte Aufstieg vom Basislager bis zum Gipfelgrat nun doch deutlich bemerkbar machte. Am frühen Nachmittag erreichten wir den Gipfel des Gasherbrum II und stiegen nach kurzer Verweildauer auf der anderen Seite wieder ab. Zugegebenermaßen ist es ein seltsames Gefühl, wenn man auf dem Gipfel eines Achttausenders steht – also dem ambitioniertesten Ziel eines Höhenbergsteigers – und doch weiß, dass dies noch nicht einmal die halbe Miete ist, und jetzt noch ein weiterer Gipfel dieser Kategorie bezwungen werden will.

Erneut richteten wir unser Biwak auf etwa 7.500 Metern Meereshöhe für die dritte Nacht ein. Das Wetter war noch stabil, und so verlief diese Nacht relativ ruhig, wenn auch ein Energierückfluss auf dieser Höhe naturgemäß nicht mehr stattfinden kann. Auch im Ruhezustand verliert der Körper kontinuierlich an Kraft und Leistungsfähigkeit. Den folgenden Vormittag stiegen wir schließlich bis unterhalb des Gasherbrum La ab, um am folgenden Tag von dort aus zum Gipfel des Hidden Peaks aufzusteigen.

Der fünfte Tag unserer Überschreitung erfolgte in extrem schwierigem Gelände. Gleichzeitig verschlechterte sich das Wetter zusehends, so dass der Aufstieg durch die Nordwand des Hidden Peaks zum entscheidenden Schlüssel der Überschreitung wurde. Es ging nun darum, die letzten Kraftreserven zu mobilisieren, um das Begonnene schnellstmöglich erfolgreich zu Ende zu führen. Auch die darauffolgende Nacht war grausam, da ein gewaltiger Schneesturm nicht nur an unserem Zelt, sondern zunehmend auch an unseren Nerven zehrte. Völlig entkräftet, müde und mental ausgelaugt erreichen wir am Folgetag schließlich den Gipfel des Hidden Peak, um in nach wie vor schwierigem Gelände, etwa 400 Meter unter dem Gipfel, ein weiteres Mal zu biwakieren.

Hätten wir gestern Nacht im Biwak bereits geahnt, was uns am heutigen siebten Tag der Überschreitung erwarten würde – nämlich der Einsturz des Felsturms direkt hinter uns und mein ungewollter Ausflug in die Gletscherspalte –, so hätte ich wahrscheinlich nicht mehr daran geglaubt, auch diese psychische und physische Anstrengung am Ende dieser Überschreitung noch zu überstehen. Und doch haben wir unser gestecktes Ziel erreicht, da das Projekt exzellent vorbereitet worden war und wir zudem auch das erforderliche Quentchen Glück hatten. Zufrieden und erleichtert falle ich in einen tiefen und wahrhaft verdienten Schlaf, denn am nächsten Tag sollte es endlich zurück ins Basislager gehen.

Januar 1988 | Cerro Torre, 3.128 m (Patagonien, Südamerika)

Patagonien im Süden des südamerikanischen Kontinents gehört zweifellos zu den schönsten und spektakulärsten Landschaften der Erde. Obgleich ich mit Superlativen in der Regel eher sparsam umgehe, so bin ich mir sicher, dass die grandiosen, senkrecht in die Höhe schießenden

Felsnadeln Patagoniens diese Bezeichnung auch tatsächlich verdienen. Die Südausläufer der Anden, die während ihres Verlaufes über den Kontinent stetig an Höhe verlieren, sind in ihrer Form wohl einzigartig und liegen in einer landschaftlich bezaubernden Umgebung. Von den fast 7.000 Metern des Aconcagua zwischen dem argentinischen Mendoza und dem chilenischen Santiago hat sich die mächtige Gebirgskette der Anden in Patagonien auf nur noch ein Drittel an Höhenmetern gesenkt.

Die herausragenden Berge Patagoniens sind einerseits die Granitnadeln des Fitz-Roy-Massivs mit dem benachbarten Cerro Torre und andererseits die Cuernos del Paine. Schon beim Anflug auf den kleinen Flughafen von El Calafate erkennt man die wild gezackten Gipfel des Cerro Torre, ein Werk von schmelzenden Gletschern und Erosion, dessen Kern aus Granit dem Berg das verwegene Aussehen gaben.[19] Der Cerro Torre liegt im äußersten Südwesten des patagonischen Festlandes im Nationalpark Los Glaciares, der mit seinen 22.000 km^2 zu den größten zusammenhängenden Eismassen nördlich der Antarktis gehört.

Man erreicht das Gletschermassiv auf Schotterstraßen von El Calafate aus in etwa vier Stunden. Auf dem Weg umrundet man tiefblaue Gletscherseen, fährt durch dicht bewaldete Berghänge, trifft auf Guanacos, Straußenvögel und andere exotische Tierarten und ist schlichtweg fasziniert von den bizarren Felsnadeln des Fitz-Roy-Massivs. Spätestens jetzt versteht man den Mythos Patagoniens, der all jene geradezu magisch anzieht, die das Abenteuer, das Unbekannte für sich entdecken wollen.

Je näher man dem Fitz-Roy-Massiv und dem benachbarten Cerro Torre kommt, desto mehr kann ich nachvollziehen, weshalb die Felsnadel des Cerro Torre erst in den späten fünfziger Jahren des 20. Jahrhunderts bezwungen wurde. Genauer gesagt, 1959 von Cesare Maestri, dessen Erstbegehung zwar immer wieder von Neidern und Bedenkenträgern angezweifelt wurde und wird, für mich allerdings – solange ich nicht eindeutig vom Gegenteil überzeugt wurde – außer Zweifel steht. Auch das Extrembergsteigen ist ein »Sport der Eitelkeiten«, und so gehören Neid und Missgunst leider zur Tagesordnung. Zwar gilt Neid einerseits als die höchste Form des Kompliments, andererseits ist Neid nach Giacomo Casanovas Auffassung aber auch die Mutter der Verleumdung. Dieser Zusammenhang lässt sich beim Profibergsteigen genauso studieren wie in vielen anderen Lebensbereichen. Jedenfalls kam Cesare Maestri 1969 noch einmal zurück, um sein Meisterstück von 1959 auf einer neuen Route zu wiederholen.

Nachdem ich zwischen 1983 und 1986 mit Reinhold Messner sieben der vierzehn Achttausender bestiegen hatte (1983: Cho Oyu, Südwestwand;

19 Vgl. Stadler, H. / Asal, S.: Patagonien Feuerland, 2005.

1984: Überschreitung des Gasherbrum II und Hidden Peak; 1985: Dhaulagiri und Annapurna, Nordwestwand; 1986: Makalu und Lhotse), war es im Januar 1988 mein erklärtes Ziel, den Gipfel des 3.128 Meter hohen Cerro Torre zu bezwingen. Mit diesem Ziel kehrte ich gewissermaßen auch wieder zu meinen Wurzeln zurück, denn vor meiner Zeit als Höhenbergsteiger war ich ein passionierter Felskletterer. Zwischen 1974 und 1983 realisierte ich zahllose Allein- und Erstbegehungen in hohen Schwierigkeitsgraden. Viele davon natürlich in den heimischen Dolomiten, wie beispielsweise in den Zinnen, der Langkofel-Gruppe oder in den Sellatürmen, andere aber auch im Alpenhauptkamm, wie in der Mont-Blanc-Gruppe, im Berner Oberland oder den Zillertaler Alpen.

Und so freute ich mich auf den Cerro Torre, den ich bereits kennengelernt hatte, als ich1984 mit Reinhold Messner den Fitz Roy bezwingen wollte. Mein Partner war allerdings nun nicht mehr Reinhold Messner, sondern der bayrische Sportkletterer Wolfgang Müller, der bereits 1988 den X. Schwierigkeitsgrad beherrschte. Gerade in den späten 70er und Anfang der 80er Jahre hatte der Klettersport im Alpinismus enorm an Bedeutung gewonnen, und so freute ich mich natürlich, mit einem absoluten Spitzenkletterer die Herausforderung des Cerro Torre annehmen zu können.

Als Team waren wir quasi »optimal aufgestellt«, da der Cerro Torre in diesem Jahr eine Kombination aus Fels und Eis darstellte und somit unsere jeweiligen Kompetenzen logisch miteinander verknüpft werden konnten. Lange Zeit galt der Cerro Torre als »schwierigster Berg der Welt«, was ich aus heutiger Sicht allerdings negieren würde. Aber ein starker VI. Schwierigkeitsgrad ist bei der Wandhöhe und insbesondere bei den widrigen klimatischen Bedingungen, die im Süden Patagoniens häufig herrschen, sicherlich nicht zu unterschätzen. Wahrscheinlich ist der Cerro Torre gemessen an seinen technischen Schwierigkeiten noch am ehesten mit dem Grandes Jorasses-Walkerpfeiler zu vergleichen, nur länger und anstrengender als dieser. Mit Sicherheit gehört er aber – neben dem K2, dem Shivling, der Ama Dablam und dem Jasemba – zu den schönsten Bergen der Welt.

Unsere Besteigung des Cerro Torre sollte die 18. Begehung des Granitpfeilers sein, wobei wir von Anfang an größten Wert darauf legten, diese wunderschöne Felsnadel mit sportlich fairen Mitteln zu besteigen und diesen einzigartigen Berg nicht durch Fixseile zu degradieren.

Und so starteten wir auch lediglich mit zwei 50-Meter-Seilen, einem guten Dutzend Karabinern, zwei, drei Felshaken, zwei Eisgeräten und einem Biwaksack. Entsprechend unserer jeweiligen Kernkompetenzen stieg ich von Anfang an mit steigeisenfesten Bergstiefeln, Wolfgang zu

Beginn mit Kletterpatschen, die er später aber ebenfalls gegen Bergstiefel und Steigeisen tauschte.

Nachdem das Wetter bereits seit zwei Wochen durchgehend schlecht war, entschieden wir uns schließlich am 15. Tag des Wartens dazu, einen Versuch zu unternehmen. Bei Wind, Nebel und leichtem Schneefall verließen wir also unsere Schneehöhle am Wandfuß und stiegen in die abweisende, überwiegend senkrechte und teilweise überhängende Ostflanke des Cerro Torre ein.

Schon bald mussten wir feststellen, dass die Bedingungen in der Tat äußerst schwierig waren, da die Felsen an vielen Stellen verschneit, vereist und damit glitschig waren. Gleichzeitig mussten wir viele Passagen frei klettern, was die Angelegenheit auch nicht gerade vereinfachte. Zwischenzeitlich riss dann aber die Wolkendecke ein wenig auf, so dass wir die schneeweißen Eisflächen unter uns und den tiefblauen Gletschersee Viedma erkennen konnten. Dann bedeckte sich der Himmel wieder, da die feuchte Luft den Berg hinaufstieg, und es begann erneut zu graupeln und schließlich auch zu schneien.

Trotz der wechselhaften Wetterbedingungen und der vereisten Felsen erreichten wir um etwa 15 Uhr Ortszeit den Gipfel. Getrieben von der schwer einzuschätzenden Witterung begannen wir auch schon bald wieder mit dem Abseilen, wobei sich dies schwieriger gestaltete als erwartet.

Unser Seil war gefroren, und so konnten wir den gesamten Berg nur unter schwierigen Bedingungen abseilen. Nach nur jeder halben Seillänge mussten wir einen neuen Stand einrichten und gefrorene Knoten mit dem Messer abschneiden. Nichtsdestotrotz erreichten wir nach nur 17 Stunden wieder den Wandfuß, was die bis dahin schnellste Begehung des Cerro Torre darstellte, obgleich dieser Rekord nicht unser Ziel gewesen war. Erschöpft vom Auf- und Abstieg blieb ich noch ein paar Tage im Basislager und besichtigte verschiedene Naturwunder in der einmaligen Szenerie Südamerikas.

Ohne Projektmanagement kein Gipfelerfolg

Um Projekte wie die »Gasherbrum-Überschreitung« definieren und erfolgreich durchführen zu können, ist es unabdingbar, sich voll und ganz auf das Ziel einer Expedition zu konzentrieren. Mark Twains bekanntes Zitat »*... und als sie ihr Ziel aus den Augen verloren hatten, verdoppelten sie ihre Anstrengungen*« ist beim Höhenbergsteigen gleichzusetzen mit dem sicheren Scheitern einer Expedition. Nur ein sorgfältiges Durchdenken der Anforderungen einer Bergbesteigung kann zur erfolgreichen Umsetzung führen: die richtige Einteilung der Kräfte, der zur Verfügung stehenden Zeit sowie des Gewichts von Ausrüstung und Verpflegung, das sind die entscheidenden Faktoren für den Projekterfolg.

In den meisten meiner bisherigen Expeditionen im Himalaja, Karakorum und Pamir-Gebirge oder den Anden erreichte ich früher oder später den Punkt, an dem ich an meine eigenen physischen und psychischen Leistungsgrenzen gehen musste, gelegentlich sogar darüber hinaus, so dass eine Verdoppelung der Anstrengungen gemäß Mark Twains Zitat de facto nicht möglich gewesen wäre. Natürlich bilden diszipliniertes und konsequentes Training sowie jahrelange Erfahrung die Grundlage zur Realisierung der beschriebenen Routen im Eis und im Fels, aber ohne eine entsprechend systematische und strukturierte Planung und Vorbereitung wären Projekte dieser Art nicht umsetzbar.

Unklare Ziele, ungenügende Informationen zur Beschaffenheit eines Berges, fehlende bergsteigerische Fähigkeiten, Koordinationsprobleme innerhalb des eigenen und im Umgang mit anderen Teams oder mangelhafte Ausrüstung führen unweigerlich zu unkalkulierbaren Risiken, die von Anfang an gezielt vermieden werden müssen, um die Erfolgschancen zu erhöhen.

Die Qualität einer Expedition, die zeitliche Abgrenzung aufgrund witterungsbedingter Prämissen und letztendlich auch die finanziellen Ressourcen zur Durchführung eines solchen Abenteuers hängen zuallererst von einer entsprechend professionellen Planung ab. Die Besteigung eines hohen und schwierigen Berges ist eine äußerst komplexe Aufgabenstellung, die präzise durchdacht sein will. Je weniger Änderungen im unmittelbaren Vorfeld einer Expedition – zum Beispiel im Basislager – erforderlich sind, desto stärker kann man sich auf die eigentliche Aufgabe konzentrieren: nämlich der Besteigung herausfordernder Berge in schwierigen Routen.

Nichtsdestotrotz erfordern unvorhergesehene Ereignisse aber oftmals auch ein hohes Maß an Improvisationsvermögen, beispielsweise wenn Zielorte von Hochlagern aufgrund geänderter Schneeverhältnisse verlagert werden müssen. Am Berg liegen dann die Gesamtverantwortung und Entscheidungsbefugnis beim Expeditionsleiter, wobei eine Abstimmung mit den übrigen Teammitgliedern für mich seit jeher selbstverständlich ist. Es muss immer genug Freiraum geben, dass andere die Verantwortung für das Gelingen einer Expedition mit übernehmen. Tun sie das nicht, so wird es problematisch, die geplanten Ziele auch zu erreichen.

Projektmanagement in der Automobilindustrie

Hans Kammerlanders Ausführungen zur Überschreitung des Gasherbrum II und Hidden Peak im Karakorum sowie die herausfordernde Besteigung des Cerro Torre in Patagonien dokumentieren anschaulich seine Vorstellungen und Maßnahmen zur erfolgreichen Durchführung von anspruchsvollen Projekten. Diese lassen sich wie folgt zusammenfassen:

1. Die Definition und Planung einer Expedition ist von zentraler Bedeutung für den Projekterfolg, da sie die gedankliche Vorwegnahme seines Handelns am Berg darstellen.
2. Alle Handlungen am Berg müssen strukturiert, durchdacht und systematisch erfolgen, da unvorhergesehene Ereignisse bei Expeditionen nicht die Ausnahme, sondern die Regel darstellen und es von entscheidender Bedeutung ist, in kritischen Situationen richtig reagieren zu können.
3. Unvorhersehbare Ereignisse – wie Wetterkapriolen oder technische Probleme am Berg – erfordern ein hohes Maß an Flexibilität. Ereignisse oder Situationen mit möglichen negativen Auswirkungen auf das Gesamtprojekt erfordern darüber hinaus ein hohes Maß an Improvisationsvermögen, um die richtigen Korrekturmaßnahmen einleiten und umsetzen zu können.
4. Die richtigen Korrekturmaßnahmen basieren *einerseits* auf der vielfach zitierten Intuition, *andererseits* auf analytischen Fähigkeiten, die fundiertes Erfahrungswissen und Selbstvertrauen voraussetzen.
5. Selbstvertrauen, Entschlossenheit und eine unerschütterliche Zielorientierung sind die Grundvoraussetzung, um »Grenzgänge« überhaupt durchführen zu können, die gelegentlich über die physischen und psychischen Limits hinausgehen.

Konsequente Ziel- und Ergebnisorientierung stellen auch in der Automobilindustrie das Fundament erfolgreicher Projekte dar. Projekte können genauestens definiert und geplant werden – wenn sie nicht diszipliniert gesteuert und konsequent umgesetzt werden, werden sie nicht zum erwünschten Erfolg führen.

Grundsätzlich ist ein Projekt ein Vorhaben, das im Wesentlichen durch die Einmaligkeit seiner Bedingungen gekennzeichnet ist. Die Einmaligkeit bezieht sich dabei auf Faktoren wie Zielvorgaben, personelle Zusammensetzungen oder zeitliche bzw. finanzielle Abgrenzungen gegenüber anderen Vorhaben. All diese Kriterien gelten natürlich nicht nur für das

Projektmanagement in der Industrie, sondern auch für die anspruchsvollen Projekte Hans Kammerlanders.

Als »Projektmanagement« wird grundsätzlich der übergeordnete Prozess bezeichnet, der die Gesamtheit aller Aufgaben umfasst, um eine komplexe Aufgabenstellung (= Projekt) mit Hilfe geeigneter Methoden und Werkzeuge systematisch zu strukturieren und unter Berücksichtigung der vorgegebenen Qualität, Kosten, Termine und Ressourcen zielorientiert zu führen.

In der Automobilindustrie nimmt die Bedeutung eines effektiven und effizienten Projektmanagements seit Jahren kontinuierlich zu, da alle Automobilhersteller immer mehr Modelle und Varianten auf den Markt bringen und damit immer mehr Projekte in immer kürzerer Zeit gemanagt werden müssen. Somit ist Projektmanagement eine Schlüsseldisziplin in der Fahrzeugentstehung, die auf allen Rekursionsebenen eines Projektes (vom Einzelteil bis zum Gesamtfahrzeug) von zentraler Bedeutung ist. Jede Komponente, jedes Modul und jedes System eines Fahrzeugs unterliegt in den verschiedenen Phasen der Entstehung bestimmten Anforderungen, die durch das Projektmanagement definiert, geplant und gesteuert werden müssen. Bestmögliche Zielerreichung – bezogen auf die technische Qualität, Kosten und Termine – erfordert eine reibungslose Zusammenarbeit verschiedenster Partner, die ebenfalls durch das Projektmanagement festgelegt wird.

Projektmanagement ist auch im Höhenbergsteigen von großer Bedeutung. Die Planung und Vorbereitung einer Expedition erfordert eine Vielzahl von Maßnahmen, die von der Festlegung der Ausrüstung bis zur Führung der Träger- und Sherpateams reichen. Darüber hinaus ist es gerade bei Erstbegehungen oder Alleingängen äußerst wichtig, sich geistig richtig vorzubereiten. Da sich die Bedingungen am Berg oftmals in kurzer Zeit von »relativ leicht« bis »unmöglich« ändern, ist es wesentlich, solche Situationen im Vorfeld geistig zu simulieren, um beim Eintritt etwaiger Gefahren intuitiv richtig handeln zu können. Es geht also darum, für alle denkbaren Ereignisse vorzusorgen.

Gleiches gilt für Projektleiter in der Automobilindustrie: In Extremsituationen unterscheiden sich die Spitzenkräfte vom Durchschnitt. Die Automobilindustrie differenziert sich jedoch vom Extremalpinismus zumindest in der Hinsicht, dass die subjektiven Gefahren für Projektleiter nicht annähernd so groß sind. Diese vergleichsweise »komfortable« Situation birgt jedoch die Gefahr in sich, dass nicht jeder Projektleiter mit der gebotenen Sorgfalt und Umsicht agiert.

Die heute oftmals als »Multiprojektlandschaft« bezeichnete Automobilindustrie lebt von der Definition richtiger und konkreter Projektziele sowie von der konsequenten und disziplinierten Verfolgung der definierten Ziele. Anders als in der Vergangenheit, als noch eine sequenzielle und sehr funktionsorientierte Bearbeitung von Projekten die Automobilindustrie prägte, werden Projekte heute vermehrt parallel und vor allem interdisziplinär, das heißt von vielen verschiedenen Spezialisten unterschiedlichster Fachrichtungen und einer Vielzahl von Zulieferern bearbeitet. Aufgrund der stetigen Zunahme an Modellen und der nur begrenzt wachsenden Ressourcen ist ein anderes Vorgehen auch gar nicht mehr möglich. Darüber hinaus können Synergiepotentiale, die durch vernetzte und interdisziplinäre Projektarbeit entstehen, nur so wirksam genutzt werden.

Das Agieren und Reagieren in Projektteams erfordert von den Unternehmen und deren Mitarbeitern andere Fähigkeiten als in eher hierarchisch geprägten Strukturen. Durch vernetztes und interdisziplinäres Arbeiten erhöht sich nicht nur die Flexibilität der Unternehmen, sondern nehmen auch Eigenverantwortung, Selbständigkeit und Selbstverwirklichungsmöglichkeit der Mitarbeiter in den Projekten zu. Umso erstaunlicher ist es, dass sich das typische Aufmerksamkeitsprofil des Managements heute in der Praxis häufig so darstellt, dass Projekte erst zu deren Abschluss bewusst wahrgenommen und evaluiert werden – oft erst dann, wenn bereits gravierende Probleme aufgetreten sind. Noch erstaunlicher ist dieser Tatbestand vor dem Hintergrund, dass das Qualitäts-, Zeit- und Kostenbeeinflussungspotential in jedem Projekt in der Definitions- und Planungsphase – also vor der operativen Umsetzung – natürlich am größten ist. Das heißt, dass sich die Unternehmensführung oftmals erst zu einem Zeitpunkt um ein Projekt kümmert, wenn »das Kind schon längst in den Brunnen gefallen ist« und sich die aufgetretenen Qualitäts-, Zeit- oder Kostenprobleme meist nur noch »ergebniskosmetisch« beeinflussen lassen. Ein vergleichbares Vorgehen beim Extrembergsteigen wäre undenkbar. Hans Kammerlander hätte vermutlich kein einziges seiner ambitionierten Ziele erreicht, wenn er erst am Berg beginnen würde, sich mit der Route zu befassen.

Projektmanagementhandbücher, Verfahrens- und Arbeitsanweisungen, Richtlinien und Normen, Checklisten und andere Dokumente helfen also nur bedingt, wenn dem Projektmanagement nicht die erforderliche Bedeutung im Unternehmen eingeräumt wird. Gerade in der sogenannten »Multiprojektlandschaft« der Automobilindustrie, in der der sorgfältige Umgang mit vorhandenen Ressourcen und Kompetenzen zu einem entscheidenden Erfolgsfaktor im internationalen Wettbewerb geworden ist, sollte die Arbeit in wesentlichen Projekten eines Unternehmens die permanente Aufmerksamkeit des Managements erhalten. Mangelnde Informationen und unzureichende Kommunikation, laufende Änderungen, Koordinationsprobleme zwischen Linien- und Projektverantwortlichen sowie mangelhafte Planung und Kontrolle gefährden Unternehmungen nachhaltig und müssen deshalb stets im Fokus des Managements liegen. Manager, die den Stand der »Schlüsselprojekte« im Unternehmen nicht kennen, agieren nicht verantwortungsvoll und werden zwangsläufig früher oder später scheitern.

Für Hans Kammerlander ist es selbstverständlich: Zwar kümmert er sich im Rahmen der umfangreichen Vorbereitungen für seine Expeditionen nicht immer um alle Details, wohl aber um das Wesentliche. So legt er beispielsweise persönlich die erforderliche Ausrüstung fest, kümmert sich in enger Zusammenarbeit mit zuverlässigen Partnern vor Ort um Träger, Yaks und Sherpas, kalkuliert die Expeditionskosten, sorgt für die erforderliche Finanzierung durch und mit seinen Partnern und analysiert alle möglichen Besteigungsrouten. Ohne diese Kenntnisse und Vorbereitungsmaßnahmen wäre er gar nicht in der Lage, als Expeditionsleiter in kritischen Situationen auch die richtigen Entscheidungen am Berg zu treffen – nämlich dann, wenn sich die Planung in der Praxis nicht realisieren lässt und Korrekturmaßnahmen gegenüber dem ursprünglichen Plan erforderlich werden. Genau diese sind aber oftmals erfolgsentscheidend, um seine Projekte ins Ziel zu bringen.

Es sind also nicht nur Hans Kammerlanders einzigartigen physischen Voraussetzungen – wie enorme Ausdauer, ein exzellentes Gewichts-/ Leistungsverhältnis, überdurchschnittlich lange Arme oder eine hohe Spontankraft –, die ihn zum Ausnahmebergsteiger machen, sondern auch die Fähigkeit, Projekte an den höchsten Bergen der Welt richtig vorbereiten und umsetzen zu können. Reinhold Messner lobt daher nicht nur Kammerlanders phänomenale intuitive Intelligenz, sondern bezeichnet ihn auch als seinen »besten Schüler«. Dieses Prädikat umfasst selbstverständlich auch dessen organisatorischen Fähigkeiten, Expeditionen richtig planen und erfolgreich realisieren zu können. Hans Kammerlander steckt sich höchst ambitionierte Ziele, plant sie sorgfältig und setzt sie dann mit aller Konsequenz um. In Abhängigkeit des Projektes reflektiert er sehr genau, welche Ressourcen er benötigt, um sein definiertes Ziel erreichen zu können. Er fragt sich frühzeitig, was es zu tun gilt und welche Mittel einzusetzen sind, um ein Projekt erfolgreich durchführen zu können. Und er überlässt keine dieser zentralen Aufgaben seinen Expeditionspartnern oder gar Sherpas, da er genau weiß, dass im Rahmen der Projektplanung seine eigene fundierte Auseinandersetzung mit der Expedition für das Vorhaben erfolgsentscheidend ist. Somit ist gutes und richtiges Projektmanagement integraler Bestandteil seines Denkens und Handelns.

Projektdefinition, -planung, -steuerung und -abschluss

In der Automobilindustrie wird Projektmanagement in der Regel in die vier Phasen »Projektdefinition«, »Projektplanung«, »Projektsteuerung« und »Projektabschluss« eingeteilt. Die nachfolgenden Ausführungen konzentrieren sich ausschließlich auf jene Kriterien, die von der Unternehmensführung, also dem Management, aufmerksam verfolgt und effizient geregelt werden müssen. Risiken in der Projektarbeit frühzeitig zu erkennen und die Komplexität von Projekten zu beherrschen, um eine klare Zielorientierung sicherzustellen, gehören heute zu den wesentlichsten Aufgaben des Managements eines Unternehmens, so dass diese im Folgenden erörtert werden.

In der *Definitionsphase eines Projektes* geht es primär darum, die Ziele und Rahmenbedingungen klar und verbindlich zu vereinbaren. Die Verbindlichkeit der Vereinbarung ist erforderlich, um für alle Projektbeteiligten eine gemeinsame Basis, eine gemeinsame Referenz, ein gemeinsames Verständnis zu schaffen, die das organisatorische Zusammenspiel zwischen den Beteiligten erleichtern. Das Projektziel muss klar, verständlich und präzise definiert werden. Je genauer die Rahmenbedingungen zur Zielerreichung in der Definitionsphase analysiert werden, desto besser wird das Resultat den angestrebten Zielen entsprechen. Im Sinne einer ganzheitlichen Problemlösung und zur Risikominimierung müssen im Rahmen der Projektdefinition im Wesentlichen folgende Fragen beantwortet werden:

1. Was soll erreicht werden? (Zielsetzung)
2. Welche Rahmenbedingungen finden wir vor? (Situationsanalyse)
3. Welche Lösungen sind möglich? (Konzeptstudien)
4. Welche Lösungen sind sinnvoll? (Bewertung, Gewichtung)
5. Welche Lösung soll umgesetzt werden? (Entscheidung)
6. Welche Mittel sind erforderlich? (Realisierung)

Die Definition der Projektziele (1) und die Analyse des Projektumfeldes (2) sind dabei von besonderer Bedeutung, da erst mit der Beantwortung dieser Fragen das Fundament für ein erfolgreiches Projekt gelegt werden kann. Konzeptstudien und Machbarkeitsanalysen (3, 4), Projektauswahl

(5) sowie präzise Vereinbarungen zwischen den Beteiligten (6) basieren auf klaren, eindeutigen Zielen und sorgfältig ermittelten Umfeld- und Rahmenbedingungen.

Ziele müssen zwischen allen Beteiligten abgestimmt werden und messbar sein. Ziele müssen aber auch verständlich und widerspruchsfrei formuliert werden, um spätere Diskussionen, die aus unterschiedlichen Ergebnisvorstellungen resultieren, von Anfang an zu vermeiden. Es ist zielführend, die zu erwartenden Ergebnisse möglichst exakt zu vereinbaren und sie bereits in der Projektdefinitionsphase mit einem realistischen Arbeitsterminplan zu hinterlegen.

Im zweiten Schritt ist es erforderlich, eine detaillierte Projektumfeldanalyse durchzuführen. Alle beteiligten Partner, die in irgendeiner Weise vom Projekt betroffen bzw. in das Projekt involviert sind (»Stakeholder«), müssen ihren individuellen Beitrag leisten, um die Rahmenbedingungen eines Projektes so genau wie möglich analysieren zu können. Bei Expeditionsprojekten bedeutet das beispielsweise, dass nicht nur offizielle »Permits«, also Besteigungsgenehmigungen beantragt, erstellt und geprüft werden müssen, sondern auch die Attraktivität der Expedition für Sponsoren oder auch eine etwaige Wettbewerbssituation bei geplanten Erstbesteigungen geklärt werden muss. Für die Automobilindustrie gilt analog dasselbe: Hier müssen Vertrieb, Marketing, Produktion, beteiligte Fachabteilungen, Kapitalgeber und andere vom Projekt betroffene Funktionsbereiche Umfeldfaktoren wie Wettbewerb, Kundennutzen, gesetzliche Spezifikationen, technische Machbarkeiten oder gesellschaftlichen Nutzen untersuchen und somit die wesentlichen Informationen für eine plausible Projektentscheidung leisten.

In der Automobilindustrie ist die Entscheidung für oder gegen ein Projekt meist multifaktoriell bedingt und muss deshalb die verschiedenen Sichtweisen der Projektbeteiligten integrieren. Sowohl innerhalb des Unternehmens als auch zwischen Auftraggeber und Auftragnehmer muss ein Zielkonsens vorliegen, der im Rahmen der Projektdefinition alle projektbeeinflussenden Parameter berücksichtigt. Transparenz bezüglich Projektablauf, Zeit und Kosten sowie klare Zuständigkeiten ermöglichen im Anschluss eine detaillierte Projektplanung.

Als Reinhold Messner und Hans Kammerlander im Mai 1984 zu ihrer Gasherbrum-Expedition aufbrachen, war das Ziel klar: Sie starteten mit dem gemeinsamen Anspruch, eine direkte Überschreitung zweier Achttausender in direkter Linie und ohne zusätzlichen Sauerstoff zu realisieren. Sie starteten nicht, um entweder den Hidden Peak oder den Gasherbrum II zu besteigen oder gar um eventuell die in unmittelbarer Umgebung befindlichen Broad Peak oder K2 zu versuchen – nein, sie definierten das Projekt eindeutig, indem sie sich ein neues, noch nicht erreichtes Expeditionsziel steckten. Die Rahmenbedingungen für eine Überschreitung sind nach Hans Kammerlanders Ausführungen offenkundig andere als bei einem einzelnen Gipfelziel, bei dem Auf- und Abstieg in der Regel auf demselben Weg erfolgen. Die Analyse des Umfeldes ist wesentlich anspruchsvoller, da die Unwägbarkeiten bei einer Überschreitung unvergleichlich umfangreicher sind als bei der Wiederholung einer bereits realisierten Route. Hans Kammerlander hat aufgezeigt, dass die Überschreitung in zwei Richtungen möglich gewesen wäre, wobei sich die Extrembergsteiger aus guten und nachvollziehbaren Gründen zuerst für die Besteigung des Gasherbrum II entschieden, um im Anschluss den Hidden Peak anzugehen. Die Bewertung beider Überschreitungsmöglichkeiten setzte eine präzise Machbarkeitsanalyse der Umfeldbedingungen voraus, um sich letztlich für den vermeintlich ungefährlicheren Weg entscheiden zu können. Die lawinengefährdeten Flanken waren für Hans Kammerlander und Reinhold Messner Grund genug, die letztlich realisierte Richtung vom Gasherbrum II zum Hidden Peak zu definieren. Selbstverständlich erfolgte diese Entscheidung in einem gemeinsamen Abstimmungsprozess, in dem die Umfeldbedingungen präzise analysiert wurden.

Im industriellen Projektmanagement verhält es sich nicht anders: Basierend auf den Erkenntnissen der Projektdefinition gilt es im Rahmen der anschließenden *Projektplanung* Strukturen (Organisation) und Ressourcen, Kosten und Termine sowie eventuelle Risiken möglichst detailliert zu planen. Die Planung ist – wie Hans Kammerlander ausführt – die gedankliche Vorwegnahme der Projektrealisierung und deshalb vorentscheidend für den Projekterfolg. Die wachsende Komplexität von Projekten in der Automobilindustrie zwingt zu gezielten und systematischen Planungsprozessen. Da eine qualitativ hochwertige und belastbare Planung den Realisierungsaufwand im Projekt erheblich reduziert, ist diese Vorleistung nicht nur zielführend, sondern meist auch sehr ergebniswirksam und in der Regel auch unbedingt erforderlich. Die Planung sollte so detailliert sein, dass Chancen und Risiken im Projekt bereits vor der Umsetzung bekannt sind, Entscheidungssicherheit gewährleistet ist und somit Unsicherheiten bezüglich des Projektablaufes bereits im Vorfeld minimiert werden. Gleichzeitig aber sollte die Planung so einfach wie möglich gehalten werden, da sie Zeit kostet, vom operativen Handeln abhält und bei zu stringenten Vorgaben die Kreativität und Flexibilität, also die Improvisationsmöglichkeiten aller Beteiligten einschränkt.

Unabhängig von der Projektorganisation (ob Stabs-Projektorganisation, Matrix-Projektorganisation, autonome Projektorganisation oder Projekthaus), Projektstrukturplänen (funktionsorientiert oder objektorientiert), Phasenmodellen (»kritische« und »unkritische« Pfade) und Termin- und Ressourcenplänen (Kapazitäten) sollte die Risikoanalyse vom Management des Unternehmens in jedem Fall gefordert, präzise analysiert und sorgsam begutachtet werden. Eine Budgetzuteilung ohne eine fundierte Risikoanalyse ist riskant und unternehmerisch fahrlässig.

Da das Thema »Risikomanagement« bereits in Kapitel III ausführlich erörtert wurde, soll an dieser Stelle die Bedeutung eines belastbaren Risikomanagements nicht noch einmal explizit hervorgehoben werden. Entscheidend ist, bereits bei der Projektplanung mögliche Ereignisse oder Situationen mit negativen Auswirkungen auf das Projekt (und damit auf das gesamte Unternehmen) zu analysieren und Gegenmaßnahmen vorzusehen. Die Tragweite und die Eintrittswahrscheinlichkeit bestimmter Risiken stehen dabei im Zentrum aller Betrachtungen.

So basierte auch die Entscheidung von Reinhold Messner und Hans Kammerlander, zuerst den Gasherbrum II und dann den Hidden Peak zu besteigen, auf einer fundierten Risikoanalyse. Unabhängig von allen organisatorischen Maßnahmen, die bereits im Vorfeld der Expedition getroffen werden mussten, legten sie mit dieser Entscheidung alle weiteren Parameter der Überschreitung fest. Sie wussten nun, wie lange sie unterwegs sein würden, welche technische Ausrüstung sie mitnehmen müssten, wie viel Verpflegung sie für den geplanten Zeitraum von sieben Tagen vorzusehen hätten, wo und wann sie mit schwierigen Kletterpassagen konfrontiert werden würden und vieles mehr. Somit war diese Entscheidung in vielerlei Hinsicht die Grundlage des späteren Erfolges. Die gesamte Projektsteuerung im Rahmen der Überschreitung wurde durch diese Entscheidung maßgeblich beeinflusst, da ein anderer Weg eine geänderte Zeiteinteilung, einen geänderten Ressourceneinsatz am Berg und nicht zuletzt auch andere Risiken verursacht hätte.

In der Automobilindustrie ist es Aufgabe und Ziel der *Projektsteuerung*, durch eine fortlaufende Überwachung der Qualität, Kosten und Termine sicherzustellen, dass bei etwaigen Planabweichungen rechtzeitig die richtigen Korrekturmaßnahmen eingeleitet werden. Nur so kann das Erreichen der Projektziele im vorgegebenen Rahmen gewährleistet werden. Ein systematischer und fortlaufender Soll/Ist-Vergleich hinsichtlich Qualität, Kosten und Terminen setzt natürlich eine fundierte

Projektplanung voraus. Die kontinuierliche Bewertung von Zwischenergebnissen im Projekt ermöglicht im Rahmen der Projektsteuerung, belastbare Prognosen über den weiteren Projektverlauf abzugeben und Korrekturmaßnahmen bei Planungsabweichungen vorzuschlagen und gegebenenfalls einzuleiten.

Die Aufgabe der Projektsteuerung müssen gut ausgebildete Projektmanager übernehmen. Um Steuerungsaufgaben in der Projektarbeit wahrnehmen zu können, müssen sie bereits bei der Projektdefinition und Projektplanung (Anfrageprozess/Angebotslegung) eingebunden werden. Projektmanager unterstützen die Projektteams fachlich und methodisch, indem sie Projektdaten systematisch sammeln, verdichten, analysieren und strukturiert aufbereiten. Ein fundiertes Berichtswesen hilft, Projektfortschritte zu dokumentieren und Erfahrungswissen zu sichern. Projektmanager benötigen deshalb permanenten Zugriff auf sämtliche Projektunterlagen und Projektdaten. Die Transparenz hinsichtlich aller Projekttermine und -kosten ist dabei zwingend erforderlich, um projektübergreifende Redundanzen und etwaige Ressourcenkonflikte stets vermeiden zu können. Eine vollständige und rechtzeitige Datenbereitstellung durch den Projektmanager hilft der Unternehmensführung, richtige Entscheidungen im Gesamtkontext treffen zu können.

Die Bedeutung qualifizierter Projektmanager wird von vielen Unternehmen noch immer unterschätzt. Operative Hektik im Projekt, die häufig in Plan- und Ziellosigkeit mündet, wird durch ein gutes Projektmanagement kompensiert. Unprofessionelles Änderungsmanagement, das in vielen Projekten eine operative Schwachstelle darstellt, wird durch den Einsatz professioneller Projektmanager vermieden. Ein fundiertes Unternehmenscontrolling ist ohne ein diszipliniert geführtes Projektmanagement gar nicht möglich, da Erlös- und Kostenverlaufsprognosen in Projekten fundiertes Wissen über den inhaltlichen Projektfortschritt voraussetzen. Unvorhersehbare Änderungen in Projekten sind nicht die Ausnahme, sondern eher die Regel, und so ist es entscheidend, dass diese Änderungen fortlaufend bewertet und gegebenenfalls neue Rahmenbedingungen bezüglich Zeit und Kosten vereinbart werden.

Sollte es aufgrund gravierender Änderungen im Laufe eines Projektes keine Aussichten mehr auf Erfolg geben, so ist es auch die Aufgabe des Projektmanagements, den Projektabbruch vorzubereiten. Darüber hinaus übernehmen Projektmanager auch die Aufgabe, Projektabschlussberichte zu erstellen und mit allen Beteiligten Projekt-Reviews durchzuführen.

All diese Aufgaben lassen sich auch bei Hans Kammerlander in seiner Rolle als Expeditionsleiter finden:

- Er definiert das Ziel und plant das Projekt.
- Er sammelt systematisch alle Informationen, die der erfolgreichen Expedition dienen, verdichtet diese, analysiert sie und macht sie für seine Expedition nutzbar.
- Er bewertet den Projektfortschritt nicht nur, sondern er kann ihn sogar mit jedem gewonnenen Höhenmeter ablesen.
- Er weiß zu jedem Zeitpunkt seiner Expedition, wie er in der Zeit liegt und gleicht die Ist-Zeit mit der Soll-Zeit ab. Weichen diese zu stark voneinander ab, entscheidet er beispielsweise, ob ein weiteres Hochlager einzurichten ist oder ob er gegebenenfalls sogar absteigen muss. Anders als in der Industrie ist es ihm am Berg nicht möglich, Zeitverluste durch gesteigerten Ressourceneinsatz zu kompensieren.
- Er nimmt erforderliche Änderungen gegenüber dem Plan selbst vor, da er als gut vorbereiteter Expeditionsleiter den besten Gesamtüberblick hat.
- Er kennt die Kosten seiner Expedition sehr genau und weiß, welche Auswirkungen etwaige Änderungen (z.B. Verlängerung einer Expedition) auf das zur Verfügung stehende Gesamtbudget haben.
- Er dokumentiert die Ergebnisse seiner Expeditionen nicht nur in eigenen Aufzeichnungen, Büchern und Vorträgen, sondern auch, indem er neuen Routen Schwierigkeitsgrade, Neigungswinkel und andere Kriterien (z.B. Beschaffenheit des Fels) zuordnet, die spätere Wiederholungen von Besteigungen vereinfachen.

In der Automobilindustrie erfolgen *Projektabschlüsse* in etwas anderer Form als beim Höhenbergsteigen, da die Aufgaben unterschiedlich sind. Aber die Bedeutung von Projektabschlüssen ist im Grunde nicht geringer, vor allem im Hinblick auf künftige Projekte. Mit Erreichen des Projektziels werden in der Regel alle Ergebnisse der Projektarbeit zusammengefasst und an den Auftraggeber übergeben, der die Projektergebnisse freigibt oder abnimmt. Zu diesem Zeitpunkt sollten ein systematischer Projektabschluss durchgeführt und alle gesammelten Erfahrungen gesichert werden. Um Gewährleistungsrisiken und spätere Nachbesserungen auszuschließen, muss der Projektabschluss stets in Form einer gemeinsamen Vereinbarung (Abschlussbericht) zwischen Auftraggeber und Auftragnehmer erfolgen. So werden ein zeitnahes und zuverlässiges Feedback des Auftraggebers zur erbrachten Leistung sichergestellt und die Verzögerung von Abschlussbewertungen ausgeschlossen. Frei werdende Ressourcen können in neuen Projekten eingesetzt werden.

Ein Projektabschlussbericht sollte in der Automobilindustrie also folgende Kriterien berücksichtigen:

- Projektziele (ursprüngliche Aufgabenstellung),
- Projektverlauf (Ergebnisse),
- Projektkosten (über die gesamte Projektlaufzeit),
- Probleme bei der Projektabwicklung (Qualität, Kosten, Termine),
- Übergabe-(Abnahme-)Protokoll (Zielerreichung),
- Kundenzufriedenheit (Folgeprojekte),
- Nachbetreuung (Abschlussarbeiten),
- Empfehlungen für Folgeprojekte (»lessons learned«).

Ein kontinuierlicher Verbesserungsprozess in Unternehmen erfordert professionell durchgeführte Projektreviews mit allen Beteiligten. Darüber hinaus sind diese Projektreviews ein wesentlicher Bestandteil der Unternehmensqualifizierung, da eine Gegenüberstellung der Projektplanung (Soll) mit den Projektergebnissen (Ist) Defizite in der Projektrealisierung aufzeigt und Optimierungspotentiale transparent macht, die in Folgeprojekten genutzt werden können.

Auch Hans Kammerlanders Entwicklung zum herausragenden Höhenbergsteiger basiert vor allem auf seinen Erfahrungen aus all seinen bisherigen Projekten. Mehr als fünfundzwanzig Mal war er alleine im Himalaja, um sich schwierigen Herausforderungen an den höchsten Bergen der Welt zu stellen. Nicht alle Projektziele konnte er auf Anhieb realisieren, so dass er mehrere Anläufe nahm (Mount Everest, K2), um das gewünschte Ziel am Ende zu erreichen. Selbstverständlich nutzt er bei seinen Expeditionen das Erfahrungswissen aus seinen vorangegangenen Unternehmungen. Erkenntnisse aus gescheiterten Expeditionen dienen aber nicht nur dazu, Folgeprojekte am jeweiligen Berg zu erleichtern, sondern auch der Weiterentwicklung des Höhenbergsteigens im Allgemeinen. Insbesondere geplante Erstbegehungen – auch wenn sie in einer bestimmten Höhe gescheitert sind – führen zu wertvollen Erkenntnissen, die es ermöglichen, die gleichen Probleme bei Folgeexpeditionen von Anfang an gezielt zu vermeiden.

Zusammengefasst kann also festgestellt werden, dass die *Definition, Planung, Steuerung* sowie der professionelle *Abschluss* von Projekten die wesentlichen Aufgaben eines wirksamen Projektmanagements darstellen – in der Automobilindustrie genauso wie beim Höhenbergsteigen.

Best practice: Projektmanagement in der Industrie

Nicht annähernd so gefährlich, aber doch spannend genug, sind sogenannte »Gesamtfahrzeugprojekte« in der Automobilindustrie. Aus eigener Erfahrung weiß ich nur zu genau, dass es auch in solchen Projekten Zeitpunkte gibt, zu denen Umdrehen genauso schwierig ist wie Weitergehen. Momente, in denen das Projekt »Spitz auf Knopf« steht und der Grat zwischen Erfolg und Misserfolg sehr schmal wird. Dann gilt es die Kräfte richtig zu bündeln, aber nicht nur die eigenen, sondern auch die der eingebundenen Partner. Immer dann, wenn nur noch das Ziel, aber nicht mehr der Weg klar ist, dann wird Projektmanagement zur spannenden Aufgabe, zum industriellen Abenteuer.

Als ich im Januar 1998 die Projektleitung für die Karosserieentwicklung einer deutschen Mittelklasse-Limousine übernahm, war das Projekt in einer äußerst schwierigen Phase: Die Qualität war ungenügend, da beispielsweise die bereits entwickelten Türen nicht zum Karosserieaufbau passten, die Termine waren kritisch, da der geplante Produktionsstart gefährdet schien, und die Kosten lagen bereits weit über dem ursprünglichen Plan.

Die verantwortungsvolle Aufgabe bestand also darin, das Projekt wieder in die richtige Spur zu bringen. Aber das Spuren war äußerst mühsam, da bereits viele der Beteiligten das Projekt in verschiedene Richtungen zogen. Dies führte unweigerlich zu Konflikten unterschiedlichster Arten und Ursachen, die zu Motivationsverlust und fehlender Leistungsbereitschaft unter den Projektbeteiligten führten.

Im ersten Schritt galt es also Interessenskonflikte zu bewältigen, um das Projekt wieder in eine gemeinsame Richtung bewegen zu können. Dabei war es entscheidend, mit allen Projektbeteiligten offen, verlässlich und ehrlich zu kommunizieren. Nur so konnte verlorengegangenes Vertrauen wieder gewonnen werden. Dabei mussten auch unangenehme Fakten innerhalb des Projektteams besprochen werden, um auf diese Weise Klarheit für alle Projektbeteiligten herstellen und das eigene Selbstverständnis als verantwortlicher Projektleiter vermitteln zu können. Und eine wesentliche Aufgabe des Projektleiters besteht auch darin, Widerstände zu erkennen, mit konfliktreichen Situationen umzugehen, falls erforderlich, mediativ einzugreifen und vor allem eine Vorbildfunktion im Team einzunehmen. Dabei ist es von zentraler Bedeutung, auf die unterschiedlichen Eigenschaften und Bedürfnisse der Mitarbeiter individuell einzugehen: Bei dem einen Mitarbeiter hilft bereits aktives Zuhören, um einen guten Draht zu finden, beim anderen vielleicht ein eher humorvoller Umgang in schwierigen Projektphasen.

Entscheidend für den Projekterfolg ist es, Aufgaben innerhalb des Teams stärkenkonform zu verteilen, was allerdings voraussetzt, dass man die Stärken und Potentiale der Mitarbeiter kennt und diese auch entsprechend fordert, fördert und somit stetig weiterentwickelt. Darüber hinaus ist es bedeutsam, Teambildungsprozesse richtig einzuschätzen und die entsprechenden Rahmenbedingungen für das Projektteam bereitzustellen. Als Projektleiter muss man klare Entscheidungen treffen können, diese so verständlich wie möglich kommunizieren und in manchen, vielleicht weniger transparenten Fällen Entscheidungswege für alle Beteiligten nachvollziehbar aufzeigen.

Sozialkompetenz kann auch dadurch zum Ausdruck kommen, indem Besprechungen effektiv und effizient moderiert und geleitet werden, Mitarbeitergespräche richtig und vor allem wertschätzend geführt werden, ausschließlich qualifiziertes Feedback zu erbrachten Leistungen abgegeben wird und verschiedene Interessenslagen von Teammitgliedern sachlich analysiert und gemanagt werden. Kritikfähigkeit ist dabei genauso wichtig wie Integrität und Zuverlässigkeit, da man als Projektleiter *»schlecht beraten ist, wenn man nur mit Leuten zusammenarbeitet, die nie widersprechen«* (Ludwig Rosenberg).

Sozial- und Persönlichkeitskompetenz alleine reichen aber selbstverständlich nicht aus, um Projekte erfolgreich führen zu können. Und so musste auch ich im Rahmen meiner Aufgabe als verantwortlicher Projektleiter im zweiten Schritt das Projekt technisch sorgfältig analysieren. Dabei ist die Karosserie eines Fahrzeugs eine komplexe Angelegenheit, da sie aus bis zu 350 Einzelteilen besteht, die als »Keimzelle des Autos« quasi alle weiteren Komponenten aufnimmt. Ausstattungsteile, Fahrwerkkomponenten, der Motor und das Getriebe sowie unterschiedlichste Kabel, Schläuche und Leitungen werden an der Karosserie fixiert. Jedes Einzelteil muss also zu vielen anderen Teilen passen und in die Gesamtkarosserie integrierbar sein. Außerdem müssen die Teile fertigungstechnisch machbar sein, damit es bei der späteren Produktion von bis zu 2.000 Fahrzeugen am Tag keine Produktionsprobleme gibt. So gilt es also nicht nur festzulegen, wie ein Teil auszusehen hat, sondern auch, wie es letztlich gefertigt werden kann. Die Strukturierung der Karosserie erfolgt dabei in einzelne Baugruppen wie Boden, Vorderwagen, Fahrgastzelle, Hinterwagen, Türen und Klappen. Die Analyse des Projektes musste also für diese unterschiedlichen Baugruppen erfolgen, die im vorliegenden Fall jeweils von einem eigenen Team betreut wurden.

Die Abweichungen gegenüber dem Plan waren in den verschiedenen Baugruppen höchst unterschiedlich: Während ein Team Designvorgaben nicht richtig einhalten konnte, hatte ein zweites Probleme, vereinbarte Konstruktionsziele zu erreichen. Dies führte bei einem dritten Team dann dazu, dass Prototypenteile nicht termingerecht bestellt werden konnten und dadurch die Beschaffungskosten aufgrund von nächtlichen Sonderanfertigungen geradezu explodierten. Die Kostenexplosion der Prototypenteile hatte schließlich zur Folge, dass Erprobungsumfänge für verschiedene Komponenten reduziert werden sollten, was wiederum die Gefahr beinhaltete, spätere Qualitätsprobleme und im »Worst case« sogar Rückrufaktionen im späteren Serieneinsatz zu riskieren. Ein viertes Team, das bereits Vorserienwerkzeuge in Auftrag geben sollte, stellte schließlich fest, dass Konstruktionsänderungen des zweiten Teams unmittelbare Auswirkungen auf das Vorserien- und das Serienwerkzeug haben würden. Und so weiter, und so fort.

In der Praxis waren die Probleme noch vielschichtiger, da in einem derartigen Entwicklungsprozess nicht nur eigene Teams im Haus, sondern auch zahlreiche externe Zulieferer involviert sind. Daten- und Informationsverluste, unvollständige Konstruktionsleistungen, widersprüchliche Berechnungsergebnisse, unzureichende Simulationsergebnisse, inkompatible Werkstoffe, nicht realisierbare Verbindungstechnologien und viele andere Schwierigkeiten sind bei solch komplexen Fahrzeugentstehungsprozessen kaum vermeidbar. Als Projektleiter trägt man letztlich aber die Verantwortung für das Ergebnis des Projektes und muss das Projekt daher situativ unterschiedlich steuern. Ob man nun anweist, berät, delegiert oder coacht, entscheidend ist in jedem Fall die fachliche Kompetenz, über die man verfügt. Überzeugend steuern kann man nur durch Kompetenz, und so sind soziale Fähigkeiten – wie eingangs beschrieben – zweifellos von großer Bedeutung, wichtiger noch ist allerdings das Verständnis der technischen Gesamtzusammenhänge, zumindest in der Automobilentwicklung. Technische Kompetenz schafft Glaubwürdigkeit und Vertrauen bei allen Projektpartnern.

Nachdem das Projekt technisch analysiert worden war und Abweichungen gegenüber dem Plan präzise aufgezeigt werden konnten, wurden die entsprechenden Korrekturmaßnahmen eingeleitet und umgesetzt. Alle erforderlichen Maßnahmen wurden gemäß ihrer Bedeutung gewichtet und priorisiert, zeitlich geordnet und bezüglich des Fortschritts regelmäßig bewertet. Bei Bedarf wurden die verschiedenen Teams nun punktuell durch zusätzliche Ressourcen unterstützt, was die

Reaktionsfähigkeit im laufenden Projekt gravierend erhöhte und damit die Entscheidungsqualität verbesserte. Gelegentlich musste natürlich auch improvisiert werden, um das Gesamtprojekt nicht zu gefährden – da geht es in der Industrie nicht anders zu als bei den Expeditionen von Hans Kammerlander. Insgesamt konnten das Projekt auf diese Weise aber gezielt beruhigt und operative Hektik reduziert werden, was für den Projekterfolg wesentlich war – denn in der Regel nutzt »der Gelassene seine Chancen besser als der Getriebene« (Thornton Wilder).

Im dritten und letzten Schritt des Karosserieprojektes ging es schließlich darum, die technischen und terminlichen Anpassungen auch kostenseitig für das Gesamtfahrzeugprojekt präzise zu bewerten. Entwicklungen leben von Änderungen und Änderungen müssen nicht nur technisch und terminlich, sondern auch kostenseitig bewertet und gemanagt werden, so dass es auch zu den Aufgaben eines Projektleiters gehört, für ein professionelles Änderungsmanagement zu sorgen. Und so wurden Plan- und Ist-Kosten gegenübergestellt, für alle Baugruppen Kostenschätzungen bis zum Projektabschluss vorgenommen und die ursprüngliche Kalkulation entsprechend angepasst. Zweifellos setzt dieser Vorgang gesunden Menschenverstand und vor allen Dingen Disziplin voraus, aber ein »Hexenwerk« ist das sicher nicht.

Selbsternannte Projektmanagementspezialisten bezeichnen die Fähigkeit, Projekte im geplanten Kostenrahmen zu halten, hochtrabend als Methodenkompetenz. All jene, die aber jemals in der industriellen Praxis ein großvolumiges Projekt geführt haben, werden jedoch bestätigen, dass ein konsequentes Berichtswesen bezüglich Änderungs- und Ergänzungsleistungen zwar aufwendig und gelegentlich anstrengend ist, besonderer Fähigkeiten bedarf es dazu aber nicht. Vielmehr sind es die beschriebenen fachlichen und sozialen Kompetenzen, die im Wesentlichen über den Erfolg und den Misserfolg eines Projektes entscheiden.

Als die projektierte Mittelklasse-Limousine schließlich termingerecht in Serie ging, waren die anfänglichen Probleme dann auch vergessen.

erhängende Passage im schwierigen Mittelbereich des Jasemba.

Steileisklettern am Jasemba.

ı Einstieg einer 60 Grad steilen Eisflanke am Jasemba.

e ein Adlerhorst auf 6.000 Metern: Lager 1 am Jasemba.

Steiler Schneegrat in Gipfelnähe mit atemberaubendem Tiefblick in Richtung Basislager.

Hans Kammerlander bei Sicherungsarbeiten am Jasemba.

ans Kammerlander beim Anbringen eines Sicherungspunktes am Jasemba.

eileis im Gipfelbereich des Jasemba.

Yaktreiber bereiten aus Gerstenmehl, Wasser und Chili tibetischen »Zampa« zu.

Häufiger Schneefall im Lager 1 am Manaslu, noch ahnte keiner etwas von der bevorstehenden Tragödie.

n Morgen nach der unfassbaren Manaslu-Tragödie.

anaslu – der Geisterberg.

Gedenktafel für die verunglückten Freunde am Manaslu.

Management Summary

Sorgfalt und Gewissenhaftigkeit, die Fähigkeit, Ziele setzen und Entscheidungen treffen, Expeditionen organisieren und Menschen führen zu können, stellen die Eingangsvoraussetzung dar, um sich an den höchsten Bergen der Welt versuchen zu dürfen. Soziale, fachliche und methodische Kompetenzen werden vorausgesetzt, wenn es darum geht, beim Höhenbergsteigen Spitzenleistungen zu erbringen. Nur wenn diese Fähigkeiten gut ausgebildet sind, ist ein Höhenbergsteiger in der Lage, verantwortungsbewusst an seine physischen und psychischen Grenzen zu gehen. Nur auf diesem Weg kann Hans Kammerlander immer ambitioniertere Projekte definieren, planen und schließlich umsetzen.

Nicht anders verhält es sich mit dem Projektmanagement in der Automobilindustrie. Auch hier geht es im Kern darum, Projekte sorgfältig und gewissenhaft zu definieren, zu planen, umzusetzen und abzuschließen. Die Beherrschung des »magischen Dreiecks« aus Kosten, Qualität und Terminen stellt für den Projektmanager im Rahmen der Umsetzung seiner Vorhaben die zentrale Herausforderung dar. Deshalb ist es erfolgsentscheidend, bereits im Rahmen der Projektdefinition und -planung mess- und beurteilbare Ziele, mögliche Lösungen, Zusammenarbeitsstrukturen, Ressourcen, Kosten, Termine und nicht zuletzt Risiken möglichst präzise zu erkennen, zu evaluieren und festzulegen, um auf diese Weise die anschließende Projektsteuerung zu vereinfachen.

Da die Projektplanung die gedankliche Vorwegnahme des zukünftigen Handelns darstellt, werden hier die Soll-Werte des Projektes festgelegt. Im Rahmen der Projektsteuerung werden diese Soll-Werte dann den Ist-Werten gegenübergestellt, was heißt, dass ohne Planung eine fundierte Projektsteuerung und -kontrolle unmöglich ist. Deshalb muss die Aufmerksamkeit des Managements vor allem dieser ersten Phase gelten, um Risiken von Anfang an richtig einschätzen und »böse« Überraschungen ausschließen zu können.

In immer vernetzteren, interdisziplinär agierenden Teams wird professionelles Projektmanagement zur Schlüsseldisziplin, um immer komplexere Aufgabenstellungen in der Automobilindustrie beherrschen zu können. Darüber hinaus ist es für die Bewahrung und Entwicklung von Wissen unabdingbar, gewonnene Erkenntnisse aus Projekten systematisch zu sammeln, zu verdichten, zu analysieren und für künftige Vorhaben strukturiert aufzubereiten. Nur so wird Erfahrungswissen letztendlich nutzbar. Deshalb ist auch ein sorgfältiger Projektabschluss von herausragender unternehmerischer Bedeutung, auch wenn die Aufmerksamkeit der Projektmitarbeiter dann meist schon längst neuen Aufgaben gilt.

V Verantwortung

»Wer sich zu wichtig für kleine Arbeiten hält,
ist meistens zu klein für wichtige Arbeiten.«
Jacques Tati

April 2002 | Ama Dablam, 6.856 m (Nepal)

Zweimal stand ich bereits auf dem Gipfel der Ama Dablam. Beide Besteigungen dieses ebenso schönen wie anspruchsvollen Berges habe ich in positiver Erinnerung. Aber heute ist alles ein wenig anders, denn ich bin mit meinen Expeditionspartnern nicht alleine am Berg, sondern mit mehr als drei Millionen Fernsehzuschauern des ARD-Morgenmagazins. Mein Ziel ist es, mit meinen Partnern die weltweit erste Live-Übertragung einer Gipfelbesteigung im Himalaja durchzuführen.

Diese Aufgabe empfinde ich als ebenso spannend wie anspruchsvoll. Denn als Bergführer und Expeditionsleiter bin ich nicht nur dafür verantwortlich, dass der Berg richtig und somit ausreichend sicher präpariert wird, sondern auch dafür, dass Höhenprobleme der Teilnehmer und andere Gefahren frühzeitig erkannt und mit der gebotenen Sorgfalt behandelt werden. Darauf habe ich mich gezielt vorbereitet, so dass ich dem Finale dieses ambitionierten Projektes optimistisch entgegensehe.

Und so sitze ich mit meinen beiden langjährigen Partnern Hartmann Seeber, der die Kameraverantwortung trägt, und Hans Mutschlechner, der Hartmann bei dessen Aufgabe sichern und assistieren soll, auf 5.700 Metern in unserem Lager 1 und bereite mich langsam auf diesen außergewöhnlichen Besteigungsversuch vor. Es ist kurz nach Mitternacht, sternenklar und extrem kalt. Sofern die Wetterprognose des Innsbrucker Meteorologen Karl Gabel stimmt, so soll der heutige Donnerstag der beste Tag dieser Woche werden. Und da sich Karl Gabel bestens mit den Wetterbedingungen im Himalaja auskennt, vertraue ich seinem Wort bereits seit vielen Jahren.

Nichtsdestotrotz möchte ich aufgrund der eisigen Kälte mit dem Aufbruch noch ein wenig warten, auch wenn die Gipfelankunft bis spätestens 9 Uhr mitteleuropäischer Sommerzeit (12.45 Uhr Ortszeit) angestrebt wird, um innerhalb der Sendezeit des ARD-Morgenmagazins erste

Live-Bilder in die heimischen Wohnzimmer senden zu können. Und obgleich es natürlich mein Ziel ist, die geplante Gipfelankunftszeit genau einzuhalten, so geht die Sicherheit natürlich vor – nicht nur meine, sondern vor allem jene meiner Seilpartner.

Die 6.856 Meter hohe Ama Dablam, deren Name wörtlich übersetzt »Mutter Medaillon« bedeutet, gehört zweifelsohne zu den schönsten Bergen der Welt. Ihr Profil ziert zahlreiche Bergbücher, unter anderem auch den von Helmut Dumler und Luis Trenker herausgegebenen Bildband »Die höchsten Berge der Welt«. Sie thront über dem oberen Khumbutal, etwa 15 Kilometer südwestlich des Mount Everest, und wirkt von allen Seiten schroff, abweisend und äußerst majestätisch. Trotz der wesentlich höheren und bekannteren Berge in ihrer unmittelbaren Umgebung (Nuptse, Lhotse, Mount Everest ...) kann sich die Ama Dablam in dieser einzigartigen Szenerie wunderbar behaupten.

Den schönsten Blick auf die prachtvolle Eispyramide mit ihrem gigantischen Wandabbruch hat man vermutlich vom Kloster Thyangboche aus. Deshalb führte uns unser Anmarsch von Lukla aus über Phakding (2.610 Meter) zum bekannten Trekkingort Namche Bazar (3.440 Meter) und mit weiteren kleinen Zwischenstationen (Khumjung, 3.750 Meter; Kyangjuma, 3.650 Meter) auch direkt zum Kloster Thyangboche (3.860 Meter). Dieses Kloster war erst vor wenigen Jahren wieder aufgebaut worden, nachdem es 1989 völlig abgebrannt war. Etwa sechzig Mönche leben dort, darunter auch sechs- bis sechzehnjährige Jungen, die dort eine Schulausbildung genießen.

Die einzigartige Lage des Klosters Thyangboche inmitten dieser gewaltigen Bergriesen ist wahrlich atemberaubend, und so gelang es dem Team des ARD-Morgenmagazins bereits in der ersten unserer insgesamt zwei Sendewochen (mit einer zwischenzeitlichen Sendepause von einer Woche) vom 8. bis 12. April 2002 wunderbare Bilder nach Europa zu schicken. Obwohl die Technik in den ersten beiden Expeditionswochen immer wieder »Alarm« schlug und die Satellitenverbindung zuweilen ein echtes Problem darstellte, gelang es den beiden Sendetechnikern Udo Schilz und Thomas Koppers doch erstaunlich gut, zum jeweils richtigen Zeitpunkt die Lage wieder in den Griff zu bekommen.

Neben den beiden Sendetechnikern begleiten uns noch der Kameramann Martin Gremmelspacher sowie Hubert Feller und Karsten Schwanke. Letzterer ist Wettermoderator des ARD-Morgenmagazins und nimmt bei unserer Expedition die Rolle des Reporters ein. Allein das Kamera- und Sendeequipment des Fernsehteams wiegt knapp eine Tonne, so dass schon die Logistik von Kathmandu, wo wir am 3. April landeten, bis ins Basislager eine echte Herausforderung für das gesamte

Team darstellte. Dazu kommt noch unsere Bergsteigerausrüstung und Verpflegung, die in etwa eine weitere Tonne Gewicht auf die Waage bringt, so dass ich schließlich froh war, als fünf Journalisten, drei Bergsteiger, unsere Träger und jede Menge Equipment wohlbehalten das Basislager auf 4.575 Metern erreicht und die geplanten Schaltungen in der ersten Sendewoche funktioniert hatten. Da ich die Höhentauglichkeit der Teilnehmer nicht einschätzen konnte und schon der Anmarsch zum Basislager eine nicht zu unterschätzende körperliche Fitness voraussetzt, freute ich mich darüber, dass die gesamte Expedition wohlbehalten im Basislager angekommen und alle guter Dinge waren.

Insgesamt konnten in der ersten Sendewoche elf Übertragungen vorgenommen werden, wobei fünf davon aufgrund der Satellitenprobleme aufgezeichnet wurden. Dies hatte zur Folge, dass das Sendeband mit der Aufzeichnung per Helikopter nach Kathmandu geflogen und von dort über Nepal TV nach Deutschland übermittelt werden musste. Letztendlich war es dem Team aber gut gelungen, den Fernsehzuschauern interessante Einblicke in die vielfältige Landschaft und einmalige Natur Nepals zu geben.

Während sich das Fernsehteam in der sendefreien Woche um die Aufzeichnungen, die Live-Berichterstattung und die Übertragungstechnik kümmerte, sind wir weitergezogen, um erste Erkundungstouren an der Ama Dablam vorzunehmen. Diese Vorgehensweise ermöglichte Hans Mutschlechner, Hartmann Seeber und mir, uns etwas länger und damit besser am Berg zu akklimatisieren und hoffnungsvollerweise ein erstes Hochlager einzurichten. Leider war das Wetter aber recht unbeständig, so dass wir erst am 16. April in Richtung Lager 1 aufbrechen konnten.

Dies war nicht weiter problematisch, da ich die Ama Dablam von den beiden vorhergehenden Expeditionen bereits kannte und von Anfang an einen entsprechenden Zeitpuffer eingeplant hatte. So nutzte ich die Wartezeit im Basislager auch dazu, meinen Expeditionspartnern immer wieder die geplante Aufstiegsroute zu erklären und sie für gefährliche und exponierte Stellen zu sensibilisieren. Die genaue Analyse des Aufstiegs halte ich für enorm wichtig, um den Teilnehmern einer solchen Expedition vor allem die Angst zu nehmen, die sie am Berg vom positiven Vorwärtsdenken abhalten könnte. Dies habe ich nicht nur im Rahmen meiner Bergführerausbildung, sondern vor allem in der Praxis gelernt. Insofern verstehe ich mich auch als Berater am Berg.

Vor unserer waren bereits eine englische und eine amerikanische Expedition im Basislager der Ama Dablam eingetroffen, die auch schon erste Fixseile verlegt hatten. Allerdings waren die beiden Expeditionen damit nicht sehr weit gekommen, so dass die Fixseile für unsere Besteigung bei weitem nicht ausreichten. Also nutzten wir auch noch den 17. April dazu, weitere statische Sicherungen an besonders gefährlichen Stellen anzubringen, die wir im Rahmen unseres finalen Aufstiegs nutzen könnten. Diese Arbeit verlief relativ problemlos, und so freute ich mich schon auf unseren geplanten Besteigungsversuch in der darauffolgenden Woche.

Die Zeit im Basislager verbrachten wir mit Kartenspielen, »Hochgebirgsboule« (mit Natursteinen) und anderen mehr oder weniger unterhaltsamen Freizeitbeschäftigungen bei strahlendem Sonnenschein. Die Stimmung unter den Expeditionsteilnehmern war dementsprechend gut.

Pünktlich zu Beginn der zweiten Sendewoche vom 22. bis 26. April 2002 verschlechterte sich dann aber das Wetter wieder. Das Positivste an den geänderten Witterungsbedingungen war, dass wir nun bei Dauerschneefall nachmittags auch noch Schneeballschlachten austragen konnten. Und obwohl wir auch am Montag, den 22. April im Rahmen unserer drei Live-Schaltungen schöne, sonnige Bilder aus der vergangenen sendefreien Woche nach Deutschland senden konnten, beunruhigte mich der zunehmende Schneefall nun ein wenig. Die Lawinengefahr in der steilen Gipfelflanke der Ama Dablam ist nicht zu unterschätzen, und zudem fürchtete ich, dass zu viel Neuschnee die Spurarbeit gravierend erschweren könnte. Die englische und die amerikanische Expedition waren bei ihren Besteigungsversuchen jeweils gescheitert, so dass wir nun alleine am Berg unterwegs waren.

Das Wetter verbesserte sich dann am Mittwochnachmittag ein wenig, so dass wir ins Lager 1 aufsteigen konnten. Die Temperatur in unserem Hochlager auf 5.700 Metern beträgt in dieser Nacht rund −25 Grad, und so entscheide ich mich bewusst dazu, etwas später als ursprünglich geplant gegen 3 Uhr aufzubrechen. Sicherheit geht vor! Die Aufgaben sind klar verteilt: Während ich im Vorstieg spure, das Team führe und gefährliche Kletterstellen mit Sicherungen versehe, nimmt Hartmann die Kameraarbeiten wahr, bei denen ihm Hans zur Seite steht und ihn sichert. Ein letztes Mal kontrollieren wir kurz vor 3 Uhr unsere Ausrüstung, legen unsere Steigeisen an und dann geht alles ganz schnell: Der erste Teil unserer Route bis auf eine Höhe von etwa 5.650 Meter – und zwar bis an etwa jene Stelle, wo der lange Grat steiler und schwieriger wird – verläuft reibungslos. Es ist sternenklar, und unsere Stirnlampen erfüllen zuverlässig ihren Dienst. Um 7.30 Uhr Ortszeit, also nach etwas mehr als vier Stunden Aufstiegszeit, entscheidet sich Hans Mutschlechner dazu, umzukehren. Die Kälte in den langen Nachtstunden hat seinen Füßen so stark zugesetzt, dass er nun Erfrierungen an seinen Zehen befürchtet. Eine weise Entscheidung, die ich nach meinen Erfrierungen am Kangchendzönga natürlich bestens nachvollziehen kann.

Obgleich sich unser gesamtes Vorhaben dadurch ein wenig verzögert, bin ich sehr froh, über derart verantwortungsbewusste Expeditionspartner zu verfügen, die sich trotz der Anwesenheit des Fernsehens bei ihren Entscheidungen nicht beirren lassen und konsequent handeln. Ab sofort übernehme ich die Aufgaben von Hans. Weitere zwei Stunden später, gegen 9.45 Uhr Ortszeit, erfolgt dann die erste Live-Schaltung von unserem »Gipfelsturm« nach Köln. Längst befinden wir uns auf dem äußerst exponierten, engen und gezackten Grat. Natürlich kann die tatsächliche Steilheit des Geländes auf Fotos und Filmen oftmals gar nicht vermittelt werden, dennoch sind Hartmanns Bilder für die Fernsehzuschauer äußerst eindrucksvoll.

Um 10.20 Uhr und 12.35 Uhr Ortszeit erfolgen weitere Live-Übertragungen unserer ambitionierten Besteigung. Wir befinden uns gerade einmal 40 Meter unter dem Gipfel, als das ARD-Morgenmagazin von Sendung geht. Teilweise hüfttiefer Schnee hat uns das Vorankommen in der letzten Stunde erschwert, so dass wir die angestrebte Gipfelankunft während der Sendezeit des ARD-Morgenmagazins nun knapp verfehlen. Doch spontan entscheidet sich der WDR dazu, unsere Besteigung weiter live zu übertragen und die unmittelbar bevorstehenden Bilder vom Gipfel der Ama Dablam zu senden.

Um 13.05 Uhr Ortszeit, also 9.20 Uhr mitteleuropäischer Sommerzeit, ist es dann soweit: Hartmann Seeber und ich erreichen den Gipfel der Ama Dablam. Das Wetter ist sensationell, und Hartmann gelingt es, phänomenale Bilder des Himalaja-Panoramas nach Hause zu senden. Selbst der Mount Everest mit seiner bekannten Eiskristallfahne ist heute annähernd wolkenfrei. Auch die besondere Stimmung, die jede Gipfelankunft ausmacht, kann über die Bilder und unsere aufgeregten, mitfiebernden ARD-Expeditionspartner im Basislager sehr gut vermittelt werden. Der ergriffene Hartmann jodelt vor Freude und kann sein Gipfelglück kaum fassen. Der Aufstieg war sehr anstrengend, und die besondere Anspannung, die die Kameraverantwortung mit sich brachte, hatte schwer auf seinen Schultern gelastet. Nun wird er für all seine Bemühungen in den vergangenen Tagen und Wochen angemessen belohnt.

Der Gipfel der Ama Dablam ist eine etwa 90 mal 30 Meter breite, von einem Spalt durchzogene Schneekuppe, auf der man recht gut stehen und einen großartigen Rundblick genießen kann. Selten habe ich die hohen Makalu-, Everest-, Lhotse- und Cho Oyu-Gipfel derart klar gesehen wie an diesem 25. April 2002. Sehr erleichtert und auch ein wenig stolz genieße ich diese Augenblicke auf dem Gipfel. Es freut mich, dass Hartmann, der mich bereits auf so vielen Expeditionen mit seinen Kameras begleitet hat, mit mir auf der Ama Dablam steht und seine Arbeit in derart brillanter Weise erfüllen kann. Zweifelsohne hat er an diesem Tag eine ganz außergewöhnliche Leistung erbracht, indem er unter größtem Stress einmalige Bilder aus dem Himalaja live nach Deutschland übermittelte. Es ist ihm zweifelsohne eindrucksvoll gelungen, die überwältigende Majestät der Ama Dablam und ihre eigentümliche Unzugänglichkeit hervorragend darzustellen.

Das Projekt, von dem ich natürlich schon aufgrund der nicht prognostizierbaren Witterungsbedingungen selbst nie wusste, ob es tatsächlich gelingen würde, hat mit der Live-Übertragung vom Gipfel einen wunderbaren Abschluss gefunden. Als verantwortlicher Expeditionsleiter bin ich sehr froh, dass das Projekt mit einem derartigen Erfolg gekrönt wird. Auch die Gewissheit, den Fernsehzuschauern derart spektakuläre und seltene Anblicke ermöglicht zu haben, stimmt mich zufrieden – unsere Mission haben wir bis hierher geradezu perfekt erfüllt. Und obwohl die Schneeverhältnisse am Berg nicht überall ideal waren und das Gelände – insbesondere im Gipfelbereich – als äußerst ausgesetzt bezeichnet werden muss, bin ich zuversichtlich, den Abstieg bei entsprechender Vorsicht genauso erfolgreich wie den Aufstieg realisieren zu können.

Nach etwa einer halben Stunde auf dem Gipfel der Ama Dablam brechen wir auf, um kurz nach Einbruch der Dunkelheit schließlich gesund und glücklich das Basislager zu erreichen. Das gesamte Team ist begeistert von unserem Erfolg, wobei Hartmann und ich aber noch ein wenig bedauern, dass Hans Mutschlechner aufgrund der Kälte umdrehen musste. Aber auch für ihn werden sich wieder neue Chancen ergeben.

Als das ARD-Morgenmagazin am folgenden Tag noch drei weitere Schaltungen in unser Basislager vornimmt, ist dieses wieder tief verschneit. Der Wettergott hat es wirklich gut mit uns gemeint, und die Dramaturgie unserer Expedition hätte nicht besser geschrieben werden können. Nach der Aufzeichnung einer letzten halbstündigen Sondersendung, in der wir nochmals in Ruhe unsere Expedition Revue passieren lassen, beginnen wir, unser Equipment im Basislager zusammenzupacken, das wir am folgenden Tag alle wohlbehalten und zufrieden verlassen.

Mai 1996 | Shisha Pangma, 8.012 m (Tibet)

Mit unserer gelungenen Live-Übertragung von der Besteigung der Ama Dablam haben wir ein neues Kapitel im internationalen Höhenbergsteigen aufgeschlagen. Bis dahin gab es im Wesentlichen zwei verschiedene Expeditionstypen, die sich an den höchsten Bergen der Welt versuchten: zum einen den traditionellen Typ nationaler oder privat organisierter Expeditionen, die in der Regel durch Sponsoren (und gelegentlich auch mit staatlicher Unterstützung) finanziert werden und deren Mitglieder zumeist nach bereits verbuchten Gipfelerfolgen ausgewählt werden. Als »Profis« zahlen sie in der Regel auch nicht dafür, dass sie an einer Expedition teilnehmen dürfen, sondern erbringen ihren Expeditionsbeitrag durch ihre besonderen bergsteigerischen Fähigkeiten, die sie auszeichnen. Am Berg sind sie dann auch für ihre eigene Sicherheit voll verantwortlich. Auch ich ermöglichte mir meine ersten Bergabenteuer auf diese Weise. Erst nach einer ganzen Reihe erfolgreicher Expeditionen war es mir schließlich möglich, diese selbst zu initiieren, zu planen, mit Hilfe industrieller Partner zu finanzieren und eigenverantwortlich umzusetzen, wie ich in den vorhergehenden Kapiteln bereits verschiedentlich ausgeführt habe.

Zum anderen gibt es den *modernen* Typ sogenannter *kommerzieller* Expeditionen, die ihre Mittel von zahlenden Kunden erhalten. In diesem Fall müssen die Kunden lediglich nachweisen, dass sie zwar über eigene Bergsteigererfahrung und eine entsprechende Liquidität verfügen, doch ihre Hauptqualifikation liegt in anderen Bereichen des täglichen Lebens. Von den kommerziellen Anbietern werden meist Bergführer mit fundierter Höhenerfahrung angeheuert, die über die Sicherheit ihrer Kunden wachen sollen.

Als professioneller Bergführer und ehemals langjähriger Leiter der »Alpinschule Südtirol« führte und führe auch ich selbstverständlich fortlaufend Bergführungen durch, aber kommerzielle Expeditionen zu den Achttausendern gehören nicht dazu. Es ist meine Überzeugung, dass die objektiven Gefahren an den höchsten Bergen der Welt einfach zu groß sind, um derartige Abenteuer mit einem kalkulierbaren Risiko anzubieten. Da ich es aus ethischen Gründen ablehne, Berge durch kilometerlange Fixseile zu entwürdigen bzw. künstlichen Sauerstoff einzusetzen und damit die sportliche Leistung einer Bergbesteigung zu reduzieren, sehe ich bewusst davon ab, Achttausender-Expeditionen mit Kunden durchzuführen. Doch wie so oft bestätigt die Ausnahme die Regel, und so blicke auch ich auf eine solche Ausnahme zurück, indem ich im Frühjahr 1996 eine »kommerzielle« Expedition zum Shisha Pangma, dem niedrigsten aller Achttausender, organisierte. Mein Ziel war es, einigen Freunden und Wegbegleitern der vergangenen Jahre die Chance auf einen Achttausender einzuräumen und mich gleichzeitig auf die geplante Everest-Expedition vorzubereiten.

Das Jahr 1996 wird zweifelsohne in die Geschichtsbücher des Höhenbergsteigens eingehen. Nicht, weil ich in diesem Jahr die erste Skiabfahrt vom Mount Everest durchführen konnte, sondern vor allem deshalb, weil diese Saison die Aufmerksamkeit der Weltpresse in einer Art und Weise erregte, wie es seit der Erstbesteigung des höchsten Berges der Welt durch Sir Edmund Hillary und Tenzing Norgay im Jahre 1953 nicht mehr der Fall gewesen war.[20]

Denn alleine am 10. und 11. Mai 1996 starben in der Gipfelregion des Mount Everest acht Menschen unter dramatischen Bedingungen. Drei indische Bergsteiger auf der Nordseite, fünf weitere Bergsteiger auf der Südseite. Darüber hinaus verletzten sich viele weitere Teilnehmer so gravierend, dass sie bis heute von der eisigen Hölle gezeichnet sind. Mehrere Expeditionen versuchten an diesem Tag gleichzeitig, den Gipfel des Mount Everest zu erreichen, als sich innerhalb weniger Stunden die bis dahin stabil erscheinenden Witterungsbedingungen drastisch änderten und das Vorhaben für einige Teilnehmer zu einer Reise ohne Wiederkehr wurde.

Neben einem aus drei Bergsteigern bestehendem indischen Team, das den Gipfel wie ich von der Nordseite her erreichen wollte, waren auf der Südseite zum einen ein taiwanesisches Nationalteam unter Führung von Makalu Gau und zum anderen zwei kommerzielle Expeditionen unterwegs. Die eine wurde von dem Neuseeländer Rob Hall geführt und bestand aus insgesamt fünfzehn Teilnehmern – drei professionellen Bergführern, acht Kunden und vier Sherpas. Rob Hall, verantwortlicher Leiter des sogenannten »Adventure-Consultants-Teams«, galt zu dieser Zeit als einer der erfolgreichsten Bergführer kommerzieller Everest-Expeditionen. Er selbst hatte den höchsten Punkt der Welt bereits viermal erreicht und im Rahmen dieser Besteigungen sage und schreibe 39 (!) Kunden mit auf das Dach der Welt geführt – unter anderem auch den Sohn des Everest-Erstbesteigers Sir Edmund Hillary im Mai 1990. Adventure Consultats verlangte im Jahr 1996 für eine Expedition ab Kathmandu etwa 40.000 US-Dollar und realisierte bereits 1993 einen beachtlichen Jahresumsatz von mehreren Millionen US-Dollar.

Die andere Expedition führte der charismatische US-Amerikaner Scott Fischer und bestand ebenfalls aus fünfzehn Teilnehmern, wobei sechs davon zahlende Kunden waren. Auch Scott Fischer, Leiter des »Moun-

20 Vgl. Dickinson, Matt: Drama am Mount Everest, 1999.

tain-Madness-Teams«, eilte zu jener Zeit ein hervorragender Ruf als Führer kommerzieller Expeditionen voraus. Er bestieg im Jahre 1992 innerhalb nur weniger Wochen mit dem K2 und dem Mount Everest die beiden höchsten Berge der Welt. Eine beachtliche Leistung. *Mountain Madness* gründete er 1984, wobei er aber erst 1995 eine erste spektakuläre kommerzielle Achttausender-Expedition auf den Broad Peak im pakistanischen Karakorum durchführte, die er auch entsprechend erfolgreich vermarktete.

Der Preis für eine Expeditionsteilnahme zum Mount Everest betrug im »Mountain Madness-Team« 65.000 Dollar und beinhaltete ebenfalls alle Leistungen am Berg. Zu Scott Fischers zahlenden Kunden zählte unter anderem auch Sandy Hill Pittman, ein hochkarätiges Mitglied des New Yorker Gesellschaftslebens, die mit Unterstützung des amerikanischen Fernsehkanals NBC täglich aktualisierte Berichte vom Berg auf eine spezielle Website stellte und somit für eine enorme Publicity in den Vereinigten Staaten sorgte.

Auch unter den Expeditionsteilnehmern von Rob Hall fand sich ein »prominenter« Kunde wieder, der die Öffentlichkeit auf die kommerzielle Everest-Besteigung aufmerksam machte: Der bekannte amerikanische Journalist Jon Krakauer hatte die Aufgabe, für das renommierte amerikanische Abenteuermagazin »Outside« einen Artikel vom Everest-Abenteuer zu veröffentlichen.

Deshalb standen beide Expeditionen – schon aus Marketing- und PR-Gründen – unter extremem Druck, als sie gegen Mitternacht vom Südsattel des Mount Everest in 7.900 Metern aufbrachen. Schon bald führten aber mangelndes Training, Müdigkeit vom langen Aufstieg bis zum Südsattel und fehlende Höhenerfahrung der zahlreichen Teilnehmer sowie die schlechte Planung der Veranstalter zu erheblichen Zeitverzögerungen in den zum Teil steilen Flanken der Everest-Südseite. Und als dann am Nachmittag ein unerwarteter Schneesturm aufzog und die Temperaturen schlagartig auf weit unter −30 Grad fielen, fanden die meisten Teilnehmer den Rückweg ins rettende Hochlager auf dem Südsattel nicht mehr.

Unter ihnen war auch Rob Hall, der fast zwei Stunden am Gipfel auf einen seiner Kunden wartete, den er im Vorjahr am Südgipfel, also nur hundert Höhenmeter vom höchsten Punkt entfernt, zur rechtzeitigen Umkehr gezwungen hatte. Angesichts der Strapazen, die eine Everest-Besteigung einem unprofessionellen Bergsteiger abverlangt, und der ungeheuren Summe, die die Kunden für dieses einmalige Abenteuer zahlen, fällt es nicht schwer, sich vorzustellen, welchem Konflikt ein kommerzieller Bergführer in einer solchen Situation ausgesetzt ist. Da ich mich selbst – auch auf weitaus niedrigeren Bergen – schon häufiger in diesem Konflikt befand, weiß ich, wie schwierig es oftmals ist, einen ehrgeizigen Bergsteiger von der Umkehr zu überzeugen. Aber als Bergführer trage ich eben nicht nur die Verantwortung für mich selbst, sondern auch für meinen Kunden, so dass das Risiko stets kalkulierbar bleiben muss. Insofern kann ich Rob Halls Entscheidung von 1995, als er so kurz vor dem Gipfel die Umkehr entschied, selbstverständlich nachvollziehen.

Anders als im Vorjahr hielten sich die Expeditionen 1996 aber nicht an eine vereinbarte Umkehrzeit, was wohl auch darauf zurückzuführen war, dass es auf etwa 8.500 Metern zu erheblichen Verzögerungen bei der Verlegung von Fixseilen gekommen war. Dem dabei aufkeimenden Unmut der zahlenden Teilnehmer wollte man vermutlich möglichst keine weitere Nahrung geben. Darüber hinaus war es wohl das Ziel der konkurrierenden Expeditionsanbieter, in diesem Jahr möglichst vielen Teilnehmern den Gipfel zu ermöglichen – schließlich war ja auch noch die Presse dabei. Zudem schienen die Witterungsbedingungen stabil zu bleiben, so dass ein etwas lapidarer Umgang mit der Gipfelankunftszeit, die wohl nie genau definiert wurde, vertretbar erschien. Und so erreichten erst um etwa 15.30 Uhr die letzten Expeditionsteilnehmer den Gipfel. Ein Wahnsinn, wenn man überlegt, dass sie zu diesem Zeitpunkt schon mehr als 16 Stunden unterwegs waren.

Und so kam es dann zur Katastrophe: Aufgrund des Wetterumschwungs schafften weder Rob Hall und sein Kunde, noch Scott Fischer, einer seiner Bergführer sowie eine weitere Kundin den Rückweg ins vermeintlich sichere Hochlager. Im Gegensatz zu den Expeditionsleitern, die hoch oben am Berg die Nacht abwarten wollten, um am darauffolgenden Morgen bei Tageslicht abzusteigen, erreichten einige weitere Bergsteiger zwar noch den Südsattel, fanden im Schneesturm aber nicht zu ihren sicheren Zelten zurück.

Zwei Kunden erreichten mit Unterstützung von Klev Schoening und Neal Beidleman erst gegen 1 Uhr morgens das Lager, als der Sturm für kurze Zeit ein wenig abflaute und sie die Umrisse der Zelte schemenhaft erkennen konnten. Drei weitere Kunden rettete schließlich der russische Bergsteiger Anatoli Boukreev, nachdem er von den Zurückkehrenden die Information erhalten hatte, wo sich einige der vermissten Expeditionsteilnehmer befanden. Boukreev galt 1996 als einer der besten Höhenbergsteiger der Welt und war von Scott Fischer für die Everest-Besteigung als Bergführer angeheuert worden. Während in dieser Nacht also fünf Menschen am Mount Everest ihr Leben ließen, brachte Anatoli Boukreev unter Einsatz seines eigenen Lebens ganz alleine drei hilflose

Bergsteiger zu ihren »sicheren« Zelten zurück. Wie heldenhaft diese Rettungsaktion tatsächlich ist, vermag wohl nur der zu verstehen, der weiß, wie sehr die Kräfte eines Menschen in solchen Höhen auf das Äußerste gefordert sind, auch wenn er »nur« mit sich selbst befasst ist. Sich in der Todeszone um andere kümmern zu müssen, verlangt schier übermenschliche Kräfte.

Nichtsdestotrotz erschien noch im September desselben Jahres der vorgesehene Artikel Jon Krakauers im »Outside Magazin« unter dem Titel »In eisige Höhen«, in dem er das Verhalten und Vorgehen Anatoli Boukreevs an jenem Tag in verschiedener Hinsicht kritisierte. Beispielsweise warf er ihm vor, dass Boukreev auf künstlichen Sauerstoff verzichtet hatte und sich schon vor der Gipfelankunft der Kunden auf den Rückweg ins Hochlager begeben hatte. In Krakauers kurz später erschienenem Buch, das ebenfalls mit dem Titel »In eisige Höhen« erschien, konkretisierte er seine Vorwürfe nochmals, so dass der Bestseller zur Diskussionsgrundlage für kommerzielle Everest-Expeditionen wurde. Da ich die Kritik aus bergsteigerischer Sicht bis heute nicht in allen Punkten nachvollziehen kann, möchte ich an dieser Stelle einen Beitrag des anerkannten Autoren und Bergsteigers Galen Rowell anführen, der den ursprünglichen Artikel Jon Krakauers im »Wallstreet Journal« folgendermaßen rezensierte: *»Anatoli Boukreev wird hier als sturer russischer Bergführer geschildert, der seinen Schutzbefohlenen[Anm.: alle Teilnehmer der Scott Fischer-Expedition] nicht beisteht und in unverantwortlicher Weise auf den Gebrauch von Sauerstoff verzichtet. Nach der Krise erscheint er als unzuverlässiger, seiner Aufgabe zu guter Letzt aber doch noch gerecht werdender Mitarbeiter und nicht als der geradezu übermenschliche Held, zu dem ihn vergangene Epochen wohl gemacht hätten. Während Mr. Krakauer schlief und kein anderer, sei es Führer, Kunde oder Sherpa, die Kraft und den Mut aufbrachte, das Lager zu verlassen, unternahm Mr. Boukreev in einem nächtlichen Blizzard auf über 8.000 Metern Höhe mehrere Alleingänge, um drei todgeweihte Kletterer zu bergen. Das »Time«-Magazin ließ ihn in seiner dreiseitigen News-Story unerwähnt, nachdem eine Dame der New Yorker Gesellschaft [Anm.: Sandy Hill Pittman] aus unerfindlichen Gründen nicht zugeben wollte, dass er sie gerettet hat.*

Mr. Boukreev erntet herbe Kritik, weil er viel früher als die Kunden abstieg. Obwohl Jon Krakauer Anatoli Boukreev gewisse Stärken zugesteht, versäumt er es, das grandiose Bild einer der erstaunlichsten Rettungsaktionen in der Geschichte des Alpinismus zu entwerfen, wenige Stunden nach der Ersteigung des Everest, ohne Sauerstoff, im Alleingang von einem Mann vollbracht, den viele als Tiger Woods des Himalaja-Bergsteigens bezeichnen. Mr. Boukreev hat viele der höchsten Gipfel der Welt im Alleingang bestiegen, in weniger als einem Tag, im Winter und [Anm.: mit Ausnahme einer Expedition am Kangchendzönga] immer ohne Sauerstoff. Er, der den Everest bereits zweimal bezwungen hatte, sah Probleme der Kunden beim

Abstieg voraus. Da er wusste, dass sich fünf andere Führer auf dem Gipfel befanden, richtete er es ein, genügend ausgeruht zu sein, um bei einem Notfall eingreifen zu können. Sein Heldentum kam nicht von ungefähr.«[21]

Aus heutiger Sicht halte ich – unabhängig davon, dass er in der nächtlichen Rettungsaktion seinen eigenen Angaben zufolge Sauerstoff einsetzte – auch noch weitere Kritikpunkte Jon Krakauers für ungerechtfertigt, wie beispielsweise den Vorwurf, Boukreevs Bekleidung am Gipfeltag sei ungenügend geschützt gewesen. Die Bilder vom Gipfel, auf dem er mehr als eine Stunde auf weitere Expeditionsteilnehmer wartete, zeigen eindeutig das Gegenteil. Und obwohl ich Anatoli Boukreev als Bergsteiger persönlich nie erlebt habe, so bin auch ich überzeugt davon, dass er – schon aufgrund seiner herausragenden Expeditionserfolge – zu den besten unserer Zunft zählte. Insofern kann ich mich Galen Rowells Stellungnahme im »Wallstreet Journal« nur anschließen und Jon Krakauers Vorwürfe nicht nachvollziehen, obgleich ich natürlich ebenso wenig dabei war wie viele andere, die sich immer und immer wieder zu Boukreevs Verhalten am Gipfeltag äußerten.

Da Anatoli Boukreev im Dezember 1997 während der Winterbesteigung der Annapurna von einer Lawine getötet wurde, konnte er auch den »David-Sowles-Preis« des amerikanischen Alpine Clubs für seine dramatische Rettungsaktion nicht mehr persönlich in Empfang nehmen. Grundsätzlich schließe ich mich also der Meinung Rolf Dujmovits' und Reinhold Messners an, die Anatoli Boukreev jeweils entlasteten.[22]

Gleichzeitig möchte ich aber nochmals betonen, dass ich den zunehmenden Publikumsverkehr durch kommerzielle Expeditionen an den höchsten Bergen der Welt für falsch halte. Sir Edmund Hillary, den ich vor fünfzehn Jahren in Nepal kennenlernen durfte und dessen Persönlichkeit ich seither besonders schätze, drückte es einmal so aus: *»Kommerzielle Expeditionen sind bezeichnend für die Art und Weise, in der Berge misshandelt werden. Es wäre einfach schrecklich, wenn der Himalaja genauso ausgebeutet werden würde wie das Matterhorn oder der Montblanc. Die Leute denken, dass man mit der modernen Technik, der verbesserten Ausrüstung und dem leichten Zugang weniger Berg zu besteigen hat als früher. Das stimmt nicht. Der Berg ist noch derselbe, und irgendwann wird er zurückschlagen.«* Dem stimme ich voll zu und gebe darüber hinaus noch zu bedenken, dass beispielsweise eine durch Naturgewalten vereitelte Rückzugsmöglichkeit vom Mount Everest, beispielsweise im gefährlichen Khumbu-Eisbruch, noch viel gravierendere Auswirkungen zur Folge gehabt hätte. Leider verstarb Sir

---

21 Vgl. Boukreev, Anatoli / de Walt, G. Weston: Der Gipfel – Tragödie am Everest, 1999.
22 Vgl. ebenda.

Edmund Hillary am 10. Januar 2008 im Alter von 88 Jahren in Auckland an Herzversagen.

Weiter möchte ich anmerken, dass die Anwesenheit eines renommierten Journalisten den Erfolgsdruck auf die beiden Expeditionen sicherlich nicht reduziert, sondern eher erhöht hat. Aus eigener Erfahrung weiß ich sehr genau – nicht zuletzt auch aufgrund der geglückten Live-Besteigung der Ama Dablam – welcher Erwartungsdruck auf einem lastet, wenn Medien eine Expedition derart öffentlichkeitswirksam begleiten.

Während sich am Mount Everest diese unvorstellbare Tragödie ereignete, war ich selbst mit einem »kommerziellen« Team unterwegs, um den 8.012 Meter hohen Shisha Pangma in Tibet zu besteigen. Der Shisha Pangma ist der niedrigste und in der Alpingeschichte zugleich auch zuletzt bestiegene aller vierzehn Achttausender. Mit einer rein nationalen Expedition belagerten im Jahre 1964 insgesamt etwa 200 chinesische Träger, Bergführer und Wissenschaftler den Berg, um am 2. Mai schließlich mit zehn Bergsteigern in drei Seilschaften den Mittelgipfel des Shisha Pangma als Erste zu erreichen. Erst sechzehn Jahre später, also 1980, öffneten die Chinesen Tibet für weitere Besteigungen, wobei meine beiden Lehrmeister Friedl Mutschlechner und Reinhold Messner den Shisha Pangma im Jahr 1981 bezwangen. Ermutigt durch die für einen Achttausender »relative Leichtigkeit« des Shisha Pangma tauchte bereits 1985 eine erste kommerzielle Expedition auf: eine erfolgreiche italienische Unternehmung. Jerzy Kukuczka, der als zweiter Mensch überhaupt alle vierzehn Achttausender besteigen konnte, realisierte seinen Abstieg teilweise mit Ski, so dass ich den Shisha Pangma auch als geeigneten Vorbereitungsberg für meine im unmittelbaren Anschluss geplante Skiabfahrt vom Mount Everest sah.

Obwohl der Shisha Pangma bis heute als relativ leichter Achttausender gilt, so starben in seinen Flanken doch schon mehr als zwanzig Menschen, unter ihnen auch so bekannte Bergsteiger wie Alex Lowe und David Bridges, die die erste amerikanische Skiabfahrt von einem Achttausender im Jahr 1999 versuchten. Und obgleich zum Zeitpunkt unserer Expedition bereits mehr als 300 Bergsteiger den Mittel- bzw. Hauptgipfel erreicht hatten[23], so war ich doch vorgewarnt und deshalb fest entschlossen, einen Gipfelversuch nur unter kalkulierbaren Risiken zu unternehmen. Denn bei dieser Expedition trug ich eben nicht nur die Verantwortung für mich selbst, sondern auch für einige Freunde und Bekannte, denen ich im Frühjahr 1996 die Besteigung eines Achttausenders ermöglichen wollte.

23 Vgl. Sale, Richard / Cleare, John: On Top of the world, 2001, S. 204.

Nachdem ich in der Vergangenheit im Rahmen meiner Tätigkeit als Leiter der Alpinschule Südtirol immer mal wieder darauf angesprochen wurde, ob ich nicht doch auch mal eine Achttausender-Expedition ausschreiben könnte, entschied ich mich nun also dazu, einigen wenigen die ersehnte Chance zu geben. Die Leistungsfähigkeit der Teilnehmer konnte ich aufgrund gemeinsamer Unternehmungen aus der Vergangenheit gut einschätzen. Neben Stefan Plangger, der mich bereits zum Manaslu begleitet hatte, Michael Aichner, Robert Gasser, Rudi Renner und Günther Schweizer nahmen auch meine Exfrau Brigitte, Hans Mutschlechner und seine Freundin Karin Weichhard (Expeditionsärztin) sowie mein Bergführerkollege Maurizio Lutzenberger an der Expedition teil. Darüber hinaus begleiteten uns der erfahrene Schweizer Bergkameramann Fulvio Mariani und seine Assistenten, die hochprofessionellen Bergführer Dario Sperafico und Floriano Castellnuovo aus Lecco am Comer See sowie der Südtiroler Fotograf Heini Gruber, die auch an meiner Everest-Expedition teilnahmen.

Im Gegensatz zu den zeitgleich stattfindenden Everest-Expeditionen von Rob Hall und Scott Fischer verfolgte ich mit diesem Vorhaben aber keineswegs irgendwelche wirtschaftlichen Ziele, sondern sah in der Shisha Pangma-Besteigung eine gute Möglichkeit, langjährigen Wegbegleitern eine besondere Freude zu bereiten und für mich persönlich natürlich auch eine ideale Vorbereitungsexpedition für den Mount Everest. Dennoch waren die Rahmenbedingungen unserer Expedition in etwa mit denen einer kommerziellen Expedition vergleichbar, zumal die Teilnehmer sich insofern in die Expedition »einkauften«, als wir in der Alpinschule die entstehenden Kosten in der Ausschreibung als »Preis« angegeben hatten. Das Vorhaben sollte sich selbst amortisieren.

Der Shisha Pangma, der sich als einziger Achttausender gänzlich auf tibetischem Boden befindet, erfordert in erster Linie eine sehr gute Grundkondition. Der »Kamm über den Weiden«, wie der Shisha Pangma wörtlich übersetzt heißt, weist im Prinzip keine größeren klettertechnischen Schwierigkeiten auf, wobei die Besteigung aber trotzdem ein ernstzunehmendes Abenteuer darstellt. Unsere Aufstiegsroute sollte jener der ersten westlichen Expedition aus dem Jahre 1980 folgen, das heißt, dass wir vom mit Jeeps erreichbaren Basislager auf etwa 5.000 Metern (»Chinese Basecamp«) über ein vorgeschobenes Basislager (»Advanced Basecamp«) auf etwa 5.650 Metern und weiteren Hochlagern den Gipfel erreichen wollten.

Der Gesamtaufstieg vom Basislager auf dem Shisha Pangma-Gletscher bis zum Gipfel beträgt also annähernd 3.000 Höhenmeter, wobei vor allen Dingen die Anfangsetappen von Lager zu Lager recht weit und anstrengend sind. Oberhalb der 7.000-Meter-Grenze wird der Aufstieg dann anspruchsvoller. Ein etwa 40 Grad steiler Firn- bzw. Schneehang erfordert sehr sicheres Gehen im Eis und natürlich äußerste Konzentrationsfähigkeiten in großer Höhe. Da ich nicht plante, den Shisha Pangma mit kilometerlangen Fixseilen auszustatten (wie das sonst bei rein kommerziellen Expeditionen oftmals der Fall ist), erwartete ich von den Expeditionsteilnehmern einen sicheren Umgang mit dem Seil, insbesondere wenn es darum ging, zügig und risikolos abzuseilen.

Leider war schon unsere Anreise von einer Reihe von Unannehmlichkeiten gekennzeichnet, wie Probleme bei der Einreise, Schwierigkeiten mit der Tibetan Mountaineering Association (TMA) und Verzögerungen aufgrund fehlender Yaks zum Transport unserer Lasten vom Chinese Basecamp zum Advanced Basecamp. Nichtsdestotrotz erreichten wir schließlich doch noch das vorgeschobene Basislager und trafen dort auf eine slowenische und eine österreichisch-schweizerische Expedition, die von meinem langjährigen Freund Norbert Joos geleitet wurde. Während wir uns akklimatisierten und sukzessive Lager auf 5.800, 6.400 und 7.400 Metern einrichteten, bestieg Norbert Joos mit einem österreichischen Bergführerkollegen am 1. Mai den Gipfel. Am selben Tag verunglückte der Slowene Sluka tödlich, nachdem er mit seinem Partner Sperka erst viel zu spät den Gipfel erreicht hatte. Total erschöpft mussten die beiden Slowenen etwa fünfzig Meter unter dem Gipfel ein Notbiwak einrichten, das Sluka schließlich zum Verhängnis wurde. Das Wetter war in diesen Tagen unberechenbar. Meist stürmte oder schneite es, kalt war es immer.

Eine Woche nach dem Unglück der Slowenen unternahmen Maurizio Lutzenberger und Stefan Plangger aus unserem Team einen ersten Besteigungsversuch, wobei Maurizio den Gipfel auch erreichte, Stefan nicht ganz. Eine äußerst ungemütliche Nacht auf 7.400 Metern veranlasste schließlich meine übrigen Begleiter dazu, entnervt umzukehren, so dass mir schließlich nichts anderes übrig blieb, als den Shisha Pangma im Alleingang zu besteigen. Natürlich war das Ziel unserer Expedition ein anderes, aber die herrschenden widrigen Witterungsumstände forderten ihren Tribut. Entscheidend ist es letztendlich, dass alle Expeditionsteilnehmer gesund nach Hause kehren können – und das ist alles andere als selbstverständlich, wie ich aus leidvoller Erfahrung nach der Tragödie am Manaslu weiß.

Verantwortung bei Bergführungen

Neben den bereits genannten *kommerziellen* Expeditionen zum Muztagh Ata (7.546 Meter, 1999), zum Thang Ri (6.206 Meter, Erstbesteigung, 2000), zur Ama Dablam (6.856 Meter, TV-Besteigung, 2002) und zum Shisha Pangma (8.012 Meter, 1996) habe ich in den vergangenen dreißig Jahren Hunderte von Bergführungen in den heimischen Alpen und Dolomiten durchgeführt. Seitdem ich als Profibergsteiger meinen täglichen Lebensunterhalt damit verdiene, Berge zu besteigen, gehören kommerzielle Bergführungen mit Freunden, Bekannten und »Kunden« zu meinem Alltag. Als verantwortlicher Bergführer sowohl leichter als auch anspruchsvoller Touren verfolge ich natürlich zuallererst das Ziel, meinen Gästen ein möglichst einzigartiges Gebirgserlebnis zu bescheren, das ihnen Freude bereitet und von dem sie lernen können.

Deshalb bemühe ich mich fortwährend darum, meine »Kunden«, von denen viele mittlerweile zu langjährigen »Wegbegleitern« geworden sind, durch neue Ideen und Angebote immer wieder aufs Neue zu begeistern. So organisiere und realisiere ich beispielsweise seit vielen Jahren 24- und 36-Stunden-Dauerwanderungen, die sich mittlerweile großer Beliebtheit erfreuen. Es geht mir im Rahmen solcher Unternehmungen aber selbstverständlich nicht nur darum, Grenzerfahrungen zu vermitteln, sondern vor allem auch darum, meinen Kunden die Schönheit der Berge näher zu bringen und ihre bergsteigerischen Fähigkeiten gezielt weiterzuentwickeln. Meine Gäste sollen positive Erinnerungen und Bilder mitnehmen, wenn sie zu Hause in ihren Arbeitsalltag zurückkehren.

Sobald mir also wieder einmal eine neue Idee durch den Kopf geschossen ist, trage ich diese meist eine gewisse Zeit mit mir herum, diskutiere sie dann mit Freunden und versuche sie dann bei entsprechender Plausibilität sukzessive auszuarbeiten und in ein umsetzbares Konzept zu gießen. Im Verlauf dieses Prozesses stelle ich mir im Wesentlichen folgende Kernfragen, die es zu beantworten gilt:

Wo können wir hin?

Wo wollen wir hin?

Wie kommen wir dort hin?

Kann ich die Unternehmung verantworten?

Diese Fragen stelle ich mir für meine 24- und 36-Stunden-Wanderungen in heimischen Gefilden genauso wie für kommerzielle Bergführungen an den hohen Gipfeln der Welt. In dieser Phase studiere ich verschiedenste Gebiete, Berge und Routen, analysiere die Beschaffenheit des Geländes, lese mich zuweilen in die Berggeschichte ein, verwerfe Optionen und suche nach neuen, bis ich mich letztendlich für eine Möglichkeit entscheide. Diese arbeite ich dann aus oder lasse sie ausarbeiten, um die Umsetzbarkeit des Vorhabens genauer prüfen zu können.

Diese Vorgehensweise entspricht in etwa auch der Vorbereitung auf meine eigenen, natürlich weitaus ambitionierteren Expeditionen, wobei die Planungsprämissen aber grundverschieden sind. Während ich im Rahmen meiner persönlichen Abenteuer lediglich meine eigene Leistungsfähigkeit und die meiner zumeist professionellen Mitstreiter zu berücksichtigen habe, muss ich mich bei Bergführungen auf das bergsteigerische Vermögen aller teilnehmenden Teammitglieder einstellen. Im Gegensatz zu meinen Expeditionen übernehme ich im Rahmen solcher Bergführungen die Verantwortung für andere.

Insbesondere bei größeren Gruppen, deren Mitglieder ich im Vorfeld oftmals gar nicht persönlich kennenlernen konnte, ist diese Verantwortungsübernahme enorm schwierig. Deshalb versuche ich vor allem bei anspruchsvolleren Unternehmungen durch Einzelgespräche die Leistungsfähigkeit meiner Gäste auszuloten. Dabei hinterfrage ich konditionelle Voraussetzungen genauso wie klettertechnische Fähigkeiten und bisherige Besteigungen. Gleichzeitig warne ich im Rahmen dieser Gespräche auch vor möglichen Gefahren und stelle die Besteigung meist noch erheblich anspruchsvoller dar, als sie tatsächlich ist. Auf diese Art der Sensibilisierung, Analyse und Beratung versuche ich, bei meinen Kunden von Anfang an Leistungsreserven sicherzustellen, die vor allem dann benötigt werden, wenn eine Unternehmung aufgrund von Wetterumstürzen, Lawinenabgängen oder anderer unvorhersehbarer Ereignisse gefährlicher, schwieriger und damit auch anspruchsvoller und anstrengender wird.

Insofern stellt die Risikoanalyse im Rahmen von Bergführungen ganz andere Anforderungen an mich als Bergführer als bei selbstverantworteten, »privaten« Expeditionen. Es ist ein elementarer Unterschied, ob man die Verantwortung nur für sich selbst trägt oder sie für andere (Expeditions-)Partner mit übernimmt. Dies ist der Hauptgrund, weshalb ich Bergführungen auf Achttausender seit langem ablehne, obgleich ich diesbezüglich immer wieder lukrative Anfragen erhalte. Unter optimalen Voraussetzungen stellen sowohl der Shisha Pangma als auch der Cho Oyu sicherlich »relativ einfache« Besteigungen dar, sobald sich aber die Bedingungen an diesen Bergen ändern, sind auch dort lebensbedrohende Gefahren nicht auszuschließen. Die fürchterlichen

Ereignisse am Mount Everest im Mai 1996 haben dies in tragischer Weise gezeigt, und so werde ich auch künftig keine vergleichbaren Expeditionen zu Achttausendern anbieten.

Aber nicht nur die Risikoanalyse, sondern auch die Planung des gesamten Projektes muss bei kommerziellen Bergführungen noch genauer erfolgen als bei selbstverantworteten Expeditionen, die immer auch ein Stück weit von der Improvisation leben. Denn im Gegensatz zu professionellen Bergsteigern, die ihr Handwerk virtuos beherrschen, Bewegungsabläufe perfekt verinnerlicht haben und so routiniert sind, dass auch improvisierte Aktionen nicht gleichbedeutend sind mit Kontrollverlust, kann ich dies von meinen Kunden nicht erwarten und muss entsprechend sorgfältiger planen. Die Genauigkeit der Planung ist ein zentraler Erfolgsfaktor, und so überlasse ich in diesem Zusammenhang nichts dem Zufall. Sobald ich die Verantwortung für eine Bergführung übernehme, kümmere ich mich auch um die kleinsten Details. Diese Aufgabe reicht von der Festlegung lebensnotwendiger Medikamente, die im Ernstfall gebraucht werden könnten, über gemeinsame Kommunikationsrichtlinien in Gefahrensituationen bis hin zur Überprüfung von Besteigungsgenehmigungen und Expeditionsequipment.

Als Bergführer habe ich es gelernt, bewusst Verantwortung zu übernehmen, was nichts anderes heißt, als dass sich alle Teilnehmer im Ernstfall hundertprozentig auf mich und meine Bergführerkollegen verlassen können müssen. Eine Übertragung dieser Verantwortung auf Dritte ist nicht denkbar.

Das Verhältnis zwischen Kunde und Bergführer basiert zuallererst auf persönlichem Vertrauen, und so gehören Verlässlichkeit, Einschätzbarkeit und Geradlinigkeit zu den wesentlichen Eigenschaften eines professionellen Bergführers. Natürlich helfen mir meine Erfolge an den höchsten Bergen der Welt, relativ schnell bei meinen Gästen Vertrauen zu finden, was die Sache in vielerlei Hinsicht erleichtert. Dennoch muss ich mir dieses Vertrauen aber immer wieder aufs Neue »verdienen« und den Vertrauensvorschuss jederzeit rechtfertigen können, indem ich ein Höchstmaß an Sicherheit biete.

Gelegentlich sind meine Kunden auch übermotiviert, so dass ich sie gezielt auf Fehler und daraus resultierende Gefahren am Berg aufmerksam machen muss. Dies erfordert jede Menge Fingerspitzengefühl und Einfühlungsvermögen, da Menschen bekanntermaßen mit Kritik unterschiedlich umgehen. Manche reagieren enttäuscht oder sogar sauer, wenn man ihnen klar macht, dass ihr Leistungsvermögen für eine Tour nicht ausreicht, andere wiederum reagieren äußerst verständnisvoll und dankbar.

Entscheidend ist wohl, dass man in den Bergen mit weniger Geübten genauso wertschätzend und respektvoll umgeht wie mit hochkarätigen Kletterspezialisten, mit denen ich die höchsten Berge der Welt bezwingen konnte. Diese Wertvorstellungen gelten für mich seit jeher und sind fester Bestandteil meiner Identität als Bergführer und Profibergsteiger.

Werte wie Integrität, die vieles subsumiert, und Authentizität müssen gelebt und nicht nur proklamiert oder niedergeschrieben werden. Es ist für mich völlig undenkbar, mich aufgrund meines Erfahrungswissens und meiner bisherigen Leistungen auch nur ein Mal arrogant zu zeigen oder gar über andere zu stellen. Deshalb führe ich Teams stets demokratisch und nie autoritär. Nicht selten sind es nämlich gerade die Ideen von weniger erfahrenen Expeditionsteilnehmern, die eine Besteigung erleichtern, da sie sehr viel eher über den Tellerrand hinausblicken können.

Als Expeditionsleiter genieße ich auch keinerlei Privilegien am Berg, weder bei der Ausrüstung, noch im Rahmen der Teamarbeit. Im Gegenteil, in der Regel trage ich nicht nur die Verantwortung, sondern auch den schwersten Rucksack von allen.

Ein Team ist vor allen Dingen dann stark, wenn alle Mitglieder an einem Strang in eine Richtung ziehen, und so ist es wichtig, den Zusammenhalt innerhalb einer Gruppe immer wieder zu stärken. Militärische Umgangsformen und hierarchisch geprägte Führungsgepflogenheiten sind mir dabei fremd, auch wenn natürlich von Anfang an klar sein muss, dass am Ende ich die Entscheidungen zu treffen habe. Ansonsten ist eine Verantwortungsübernahme erst gar nicht möglich. Glaubwürdigkeit setzt Konsistenz voraus, und so werde ich auch meine künftigen Bergführungen gemäß diesen Prinzipien durchführen.

Verantwortungsübernahme und Führungskompetenzen

Die unerschütterlichen Prinzipien und hoch stehenden Werte von Hans Kammerlander im Rahmen seiner Verantwortung als Bergführer lassen sich in vielerlei Hinsicht unmittelbar auf die industrielle Praxis übertragen, da die von ihm aufgezeigten Führungskompetenzen im Bergsteigen und Management gleichermaßen Gültigkeit haben. Um Führungsverantwortung übernehmen zu können, bedarf es aus Sicht des Südtiroler Extremalpinisten vieler Fähigkeiten, die folgendermaßen zusammengefasst werden können:

1. Führungskräfte müssen zunächst einmal *kreativ* und *erfinderisch* sein, da sie ihren Unternehmungen mit guten und richtigen Ideen Sinn

und Richtung geben. Diesen Zusammenhang erklärte Hans Kammerlander bereits in Kapitel I, als er seinen eigenen Weg von der Vision, *Steilwandabfahrten an den Achttausendern durchzuführen*, bis zur Realisierung am Nanga Parbat und Mount Everest beschrieb. Im vorliegenden Kapitel untermauert er diesen Aspekt noch einmal, indem er anmerkt, dass auch seine kommerziellen Bergführungen auf innovativen Ideen beruhen, wie das Beispiel seiner 24- bzw. 36-Stunden-Marathonwanderungen zeigt.

2. Zur Umsetzung ihrer Ideen in die Praxis müssen Führungskräfte *effektive* und *effiziente Strategien entwickeln*, die sie diszipliniert und konsequent verfolgen und realisieren. Auch bei Hans Kammerlander lässt sich nachvollziehen, dass er sich bereits sehr frühzeitig die richtigen Fragen zur Realisierung seiner Vorhaben stellt, nach realistisch umsetzbaren Lösungen sucht und diese sorgfältig untersucht und evaluiert. Dabei analysiert er im ersten Schritt das Umfeld bzw. die Rahmenbedingungen seines jeweiligen Vorhabens und im zweiten Schritt die Leistungsfähigkeit des von ihm zu führenden Teams.

3. Aus seiner Sicht gehört es also zu den entscheidenden Fähigkeiten von Führungskräften, die *Leistungsbereitschaft* und die *Leistungsfähigkeit* ihrer Mitarbeiter *richtig einschätzen* zu können. Deshalb betont Hans Kammerlander gezielt, dass kommerzielle Bergführungen in dieser Hinsicht auch nicht unmittelbar mit seinen eigenen »Grenzgängen« vergleichbar sind: Die Anforderungen an ihn als verantwortlichen Bergführer sind andere als jene Anforderungen, die er als Solist auf eigenen Expeditionen erfüllen muss. Die Verantwortungsübernahme ist das zentrale Differenzierungsmerkmal.

4. Obgleich im Alpinismus nicht alle Risiken immer kalkulierbar sind, so müssen verantwortungsbewusste Bergführer trotzdem durch *sorgfältige Risikoanalysen* die Eintrittswahrscheinlichkeit und die Tragweite bestimmter *Risiken beurteilen* können. Aufgrund der subjektiven und objektiven Gefahren an den höchsten Bergen der Welt hat sich Hans Kammerlander bewusst dazu entschieden, keine kommerziellen Expeditionen zu den Achttausendern durchzuführen. Seine schmerzlichen Erfahrungen am Jasemba Peak oder am Manaslu, die er in Kapitel III darstellte, haben ihn gelehrt, dass es unmöglich ist, die Verantwortung für andere im Rahmen derart anspruchsvoller Expeditionen zu übernehmen. Deshalb lehnt er die Verantwortungsübernahme für andere an Achttausendern inzwischen ab, so dass er an diesen Bergen auch keine Bergführungen mehr durchführt.

5. Führungskräfte müssen stets dafür sorgen, dass Projekte *systematisch, gut durchdacht* und *strukturiert geplant* werden. Die Planung von Projekten stellt die gedankliche Vorwegnahme des zukünftigen Handelns dar und ist damit vorentscheidend für den späteren Projekterfolg. Dabei überlässt Hans Kammerlander in seiner Rolle als Bergführer nichts dem Zufall, sondern kümmert sich in der Regel selbst um alle wesentlichen Details. Andernfalls ist eine Verantwortungsübernahme auch nicht möglich. Bereits im vorhergehenden Kapitel IV führte Kammerlander aus, dass die Genauigkeit seiner Projektplanungen erfolgsentscheidend ist. Im vorliegenden Kapitel merkt Kammerlander noch ergänzend an, dass Bergführungen aufgrund der Verantwortungsübernahme für andere aus seiner Sicht eine noch höhere Planungsgenauigkeit erfordern als seine eigenen »Grenzgänge«, da bei letzteren oftmals ein hohes Maß an Improvisationsvermögen erforderlich ist, um das Ziel zu erreichen.

6. Als Vorbild einer ganzen Bergsteigergeneration genießt Hans Kammerlander in den Bergen das Vertrauen seiner *»Kunden«*. Seine einzigartigen Erfolge an den höchsten Bergen der Welt verleihen ihm eine natürliche Autorität, die ihm die Führung von Expeditions- bzw. Trekkingteams deutlich erleichtert. Führungskräfte sollten also über substantielle, nachvollziehbare *Fachkenntnisse* sowie mess- und beurteilbare *Resultate* verfügen, um glaubwürdig führen und – wenn es darauf ankommt – auch überzeugend und richtig entscheiden zu können.

7. Darüber hinaus hält Hans Kammerlander belastbare *charakterliche Werte* wie Integrität für bedeutsam, um Unternehmungen auch langfristig verantwortungsvoll führen zu können. Expeditionsmitglieder und »Kunden« müssen jederzeit wissen, dass im Ernstfall hundertprozentiger Verlass auf ihn ist, und so hält er charakterliche Konsistenz, flache Hierarchien und gelebte Bescheidenheit für bedeutsam, um dieses Vertrauen immer wieder aufs Neue rechtfertigen zu können.

Dieselben Führungskompetenzen gelten natürlich auch für alle Manager der Automobilindustrie, die die Verantwortung für ein Unternehmen tragen. Da die ersten fünf der sieben von Hans Kammerlander angeführten Führungskompetenzen bereits in den vorhergehenden Kapiteln eingehend erörtert wurden, möchte ich mich in diesem Kapitel vor allem mit den beiden letztgenannten Qualifikationen einer Führungskraft befassen (Punkte 6. und 7.) und im Anschluss darüber hinausgehende, aus meiner Sicht wesentliche Aufgaben und Kompetenzen einer Führungskraft ergänzen, die ich für unbedingt erforderlich halte, um die Verantwortung für ein Unternehmen überhaupt erst übernehmen zu können.

Industrielle Führungsverantwortung im Wandel der Zeit

Das Anforderungsprofil an eine Führungskraft in der Automobilindustrie unterscheidet sich in den wesentlichen Kriterien kaum von jenem in anderen Branchen, so dass ich an dieser Stelle bewusst davon absehe, eine branchenspezifische Erörterung des Themas vorzunehmen. Das soll allerdings nicht zu der Annahme verleiten, jeder Manager könne sich in unterschiedlichen industriellen Segmenten und Strukturen gleichermaßen erfolgreich bewegen. Denn es ist, wie bereits in unterschiedlichen Zusammenhängen angeführt, ein elementarer Trugschluss zu glauben, dass Branchenkenntnis und Fachkompetenz von untergeordneter Bedeutung seien, wenn es darum geht, die Verantwortung für eine Unternehmen zu tragen.

Besonders vor dem Hintergrund der Verantwortung, die ein Manager für das jeweilige Unternehmen trägt, erscheint es mir wesentlich, fundierte Branchen- und Fachkenntnisse auf der Führungsebene konsequent einzufordern. Denn Mitarbeiter erkennen in der Regel sofort, ob ihr Chef ein X von einem U unterscheiden kann. Authentisch und glaubwürdig ist ein Manager nur dann, wenn er genau weiß, wovon er spricht und worüber er schlussendlich zu entscheiden hat – und in der Automobilindustrie geht es beispielsweise nun mal in letzter Instanz um die Entwicklung, Planung und/oder Produktion eines Pkw oder Nutzfahrzeugs. Wo Glaubwürdigkeit durch Fachkenntnis gegeben ist, werden die Mitarbeiter den Weisungen des Managements vertrauen und diese auch umsetzen. Und das ist, ohne dass es weiterer Erläuterungen bedarf, selbstverständlich die Basis für eine schlagkräftige Führung eines Unternehmens.

Deshalb halte ich es für absolut befremdend, welch verantwortungsvolle Aufgaben Manager in verschiedensten Branchen oftmals übernehmen, ohne das, was sie letztendlich verantworten, in der Tiefe auch verstanden zu haben. Insofern wundere ich mich auch immer wieder aufs Neue, mit welcher Selbstverständlichkeit gerade in Führungskräftetrainings vermittelt wird, dass es vollkommen egal sei, in welcher Branche man gerade ein Unternehmen managt, solange man Führungsgrundsätze verstanden habe. Diese mögen zwar wichtig sein, alleinentscheidend sind sie aber sicher nicht. Im Extremsport kommt auch niemand auf die Idee, Hans Kammerlander beispielsweise als Bobfahrer einzusetzen, nur weil er über einen außergewöhnlich austrainierten Körper verfügt und die Grundsätze des Extremsports sowie das Leistungsvermögen seines Körpers genau kennt. Das wäre in vielerlei Hinsicht verantwortungslos.

Hans Kammerlanders Glaubwürdigkeit und das Vertrauen seiner »Kunden« basieren zuallererst auf den Fähigkeiten, über die er in den Bergen nachweislich verfügt. Darum werden seine Entscheidungen auf Touren und Expeditionen von Kunden und Partnern nicht nur respektiert und befolgt, sondern auch dankbar angenommen. Denn allen ist bewusst, dass sie von seinem Erfahrungsschatz und seiner Fachkenntnis unmittelbar profitieren können. Was im Sport also selbstverständlich ist, sollte aus meiner Sicht auch für Führungskräfte in der Industrie gelten: »Schuster, bleib' bei deinen Leisten.«

Auch der Führungsstil eines Managers trägt natürlich entscheidend dazu bei, ob seine Mitarbeiter ihn als »Führungs-Kraft« anerkennen und ihm vertrauen oder nicht. Hans Kammerlander sind deshalb charakterliche Werte besonders wichtig. Die große Bedeutung von Werten und charakterlicher Konsistenz auf Bergführungen ist auch für jedermann nachvollziehbar, wenn man sich ausmalt, man würde sich in die Obhut eines unberechenbaren, gipfelsüchtigen Bergführers begeben, der mehr an der Zurschaustellung eigener Fähigkeiten und der Erweiterung seines Tourenbuches interessiert ist, als dem definierten Ziel des Kunden zu dienen. Selbst vermeintlich kleine »Fauxpas« eines Bergführers wie Unpünktlichkeit, Unzuverlässigkeit oder ein wenig wertschätzender Umgang mit seinen Kunden können rasch zu einem enormen Vertrauensverlust führen. Denn ist auf einen Bergführer, der grundlegende Werte und Tugenden vermissen lässt, im Extremfall auch tatsächlich Verlass? Ist ein solcher Bergführer in der Lage, Verantwortung zu übernehmen?

Gelebte Werte sind also extrem wichtig – und das nicht nur in den Bergen. Denn motivierte und leistungsbereite Mitstreiter findet man vor allem dort, wo sie sich respektiert und wertschätzend behandelt fühlen. Deshalb ist es von zentraler Bedeutung, dass Manager berechenbar, verlässlich, kooperativ und den Mitarbeitern gegenüber stets loyal sind. Auch hier gehören so einfache Tugenden und Verhaltensweisen wie Pünktlichkeit bei vereinbarten Besprechungen oder kommunizierte Wertschätzung im Rahmen von Mitarbeitergesprächen zu den wichtigsten Grundregeln. Denn als Manager trägt man die Verantwortung für die Resultate einer Organisation und somit für die Summe der Ergebnisse aller Mitarbeiter des Unternehmens.

Um nun weitere Aspekte einer verantwortungsvollen Führung analysieren zu können, ist es erforderlich, das Thema »Führung« tiefgreifender zu behandeln, da Führung in unserer hochgradig arbeitsteiligen und äußerst spezialisierten Industrielandschaft zweifelsohne bereits heute, noch viel mehr aber in Zukunft, eine besondere Bedeutung zukommt. Denn die stetig fortschreitende Arbeitsteilung und Spezialisierung macht es mehr und mehr zur zentralen Führungsaufgabe eines Managers, den Mitarbeitern zu vermitteln, wie wichtig ihr jeweiliger Beitrag für »das Ganze« ist.

Um diese These klar und anschaulich erörtern und vermitteln zu können, erscheint es mir sinnvoll und zielführend, mich in den folgenden Ausführungen auf Oswald von Nell-Breuning zu beziehen, zweifelsfrei einen der größten deutschen Gesellschafts- und Sozialwissenschaftler des vergangenen Jahrhunderts und unter anderem Berater von Päpsten, hochrangigen Politikern, Unternehmern und Gewerkschaftsvertretern. In seinem Werk »Arbeitet der Mensch zuviel?« zeigt er auf, wie sich im Rahmen einer zunehmenden Industrialisierung die Arbeit der Menschen grundlegend geändert hat und Führung heute eine größere Bedeutung hat als bei früheren Generationen.

Während wir in der gesamten zurückliegenden Geschichte bis zur Industrialisierung stets unsere ganze Arbeitskraft und Arbeitszeit aufwenden mussten, um das überlebensnotwendige an Unterhaltsmitteln zu erringen, so hat sich dies mit dem Einzug des Industriezeitalters vor etwa 150 Jahren grundsätzlich geändert und die Produktivität der Arbeit gravierend erhöht, was im täglichen Leben vieles vereinfacht und deutlich verbessert hat. Die unverkennbare Verbesserung der Lebensverhältnisse in unserer modernen Industriegesellschaft basiert nämlich vor allen Dingen darauf, dass wir mit dem gleichen Maß an Arbeit immer mehr Verbrauchs- und Gebrauchsgüter erzeugen konnten und können. Primärer Grund hierfür ist, dass uns im Gegensatz zu früher heute weitaus leistungsfähigere Produktionsmittel und -anlagen zur Verfügung stehen. Dies gilt für die hiesige Industrie in besonderem Maße, da die Produktionstechnik in den vergangenen 150 Jahren einen extrem hohen Standard erreicht hat, der in vielen Branchen als weltweit führend bezeichnet werden kann. Gleichzeitig führt eine immer rationellere Organisation der Arbeit ebenfalls zu mehr Produktivität, wie in Kapitel IV zum Thema »Projektmanagement« bereits ausführlich erörtert wurde.

Dank der zunehmenden Arbeitsteilung, die die Produktivität signifikant erhöhte, setzen wir heute die Befriedigung unserer elementaren Bedürfnisse als Selbstverständlichkeit voraus. Dabei entgeht unserer Aufmerksamkeit aber der Preis, den wir dafür zahlen: nämlich eine Verselbständigung des Erwerbsaktes und die daraus resultierende Trennung vom eigentlichen Produktionsakt.

Das heißt, dass in unserer arbeitsteiligen Wirtschaft der Erwerbstätige nicht mehr Produkte und/oder Dienstleistungen seines eigenen Bedarfs erzeugt, sondern seine Tätigkeit vielmehr darauf ausgerichtet ist, den Erwerb seines Einkommens als Entgelt für eine Arbeit zu erzielen. Natürlich dient das Entgelt für geleistete Arbeit am Ende wiederum dazu, elementare Bedürfnisse zu befriedigen, aber der Erwerbs- und der Produktionsakt fallen nun auseinander.

Die Konsequenz ist, dass der Erwerbstätige sich im heutigen arbeitsteiligen Wirtschaftsprozess nicht mehr damit rühmen kann, er erstelle durch seine eigene Arbeit seinen unmittelbaren Lebensunterhalt. Anstelle dessen, was er früher zum Überleben produzierte, erwirbt er sich nun aus seiner Arbeit einen Rechtsanspruch auf ein Entgelt, das nur mehr auf einem Umweg dazu dient, seine Elementarbedürfnisse zu befriedigen und gegebenenfalls darüber hinaus Dienstleistungen und Güter seines persönlichen Interesses zu erwerben.

Aufgrund der Entkopplung des Erwerbs- vom Produktionsakt besteht nun aber die Gefahr, dass der Erwerbstätige das Interesse am Wert und an der Güte seines Produktes oder seiner Dienstleistung zunehmend verliert. Je mehr er sein Augenmerk auf den Erwerb eines (selbstverständlich möglichst hohen) nominellen Entgelts richtet, desto mehr entleert sich seine Arbeit ihres Sinngehaltes.[24] Das ist fatal und äußerst kritisch, denn eine Entfremdung des Erwerbstätigen von seinem Produkt oder seiner Dienstleistung führt nicht nur dazu, dass sich aus Sicht des Erwerbstätigen der Sinn seiner Arbeit reduziert, sondern vor allem auch dazu, dass Unternehmen über diesen Prozess gravierend an Leistungsfähigkeit verlieren.

Im Gegensatz zur vorindustriellen Arbeitsform, als Wertschöpfung eine real-konkrete und unmittelbar wahrnehmbare Größe darstellte, bildet der Erwerb eines Geldbetrages zum Bestreiten des Lebensunterhaltes nur mehr eine nominell-abstrakte Größe ab. Deshalb gehört es heute zu den vordringlichen Aufgaben eines Managers, dieser fortschreitenden Entkopplung von Erwerbs- und Produktionsakt dahingehend Rechnung zu tragen, dass er seinen Mitarbeitern klar und verständlich vermittelt, welchen konkreten, wesentlichen und bedeutsamen Beitrag sie für »das Ganze« leisten. Die Mitarbeiter müssen wissen, welche übergeordneten Ziele vom Unternehmen verfolgt werden, da sie sonst den Sinn in ihrer Arbeit nicht ausreichend erkennen können, was zwangsläufig zu fehlender Motivation und reduzierter Leistungsbereitschaft führt. Deshalb ist es erfolgsentscheidend, dass die Ziele eines Unternehmens auf Teil-

24 Vgl. Nell-Breuning, Oswald von: Arbeitet der Mensch zuviel?, 1985, S. 29 ff.

ziele herunter gebrochen werden, die für die Mitarbeiter nachvollziehbar »dem Ganzen« dienen. Diese Aufgabe kann vom Management nicht delegiert werden. »Das Ganze« klar und verständlich darzustellen liegt im unmittelbaren Verantwortungsbereich der Unternehmensführung.

Führen mit Zielen, häufig auch als »Management by Objetives« bezeichnet, dient folglich auch in erster Priorität dazu, den Mitarbeitern trotz aller Spezifizierung und Arbeitsteilung den Sinngehalt ihrer Arbeit vor Augen zu führen, und erst in zweiter Priorität dazu, das Gesamtunternehmen wirksam und zielgerichtet in eine gemeinsame, sinnvolle und klar definierte Richtung zu entwickeln.

Die Ziele jedes Mitarbeiters können immer nur im Gesamtkontext mit den übergeordneten Unternehmenszielen stehen und sind stets in Form von zu erreichenden Resultaten zu vereinbaren und genauso klar wie unmissverständlich zu formulieren. So werden Unternehmensziele zu personenbezogenen Zielen aller Mitarbeiter, die aufeinander abgestimmt eine homogene Geschäftsentwicklung ermöglichen, für die das Management verantwortlich ist.

Die Führung hochkomplexer Systeme – und das sind Industrieunternehmen in der Regel – erfordert also klare und verständliche Ziele, mit denen sich der Einzelne identifizieren und an denen er sich orientieren kann. Zur Sicherstellung der Zielerreichung des Einzelnen ist es in der Regel sinnvoll und zielführend, Mitarbeiter an der Geschäftsentwicklung und am Unternehmenserfolg zu beteiligen – beispielsweise mittels einer »erfolgsabhängigen Vergütung«. Je präziser die Zielvereinbarungen formuliert werden, umso fundierter ist die Grundlage für eine Gegenüberstellung der Ziele mit den tatsächlich realisierten Leistungen und umso problemloser lässt sich die erfolgsabhängige Vergütung ermitteln. Die erfolgsabhängige Vergütung sollte sich ausschließlich auf Ziele beziehen, die quantitativ und/oder qualitativ beurteilbar und messbar sind und mindestens ein Drittel des erreichbaren Gesamteinkommens eines Mitarbeiters betragen, da andernfalls der Anreiz zu gering und die erfolgsabhängige Vergütung somit kaum wirksam wäre.

Ein weiterer Aspekt, der im Rahmen der Führungsverantwortung von Unternehmen und Mitarbeitern zunehmend an Bedeutung gewinnt, ist der der Leistungsbeurteilung. Denn ein realwirtschaftliches Unternehmen wird immer erst dann nachhaltigen Erfolg erzielen können, wenn die Stärken jedes Einzelnen genutzt und für das Unternehmen gewinnbringend eingesetzt werden. Deshalb gehört es zu den zentralen Herausforderungen einer Führungskraft, echte Leistungen zu erkennen, diese entsprechend wertzuschätzen und selbstverständlich auch angemessen zu entlohnen.

Die Trennung des Erwerbsaktes vom eigentlichen Produktionsakt bedingt aber leider auch, dass die Leistungsbeurteilung heute deutlich schwieriger ist als noch zu Zeiten, in denen es vor allen Dingen darum ging, durch die Aufwendung der eigenen Arbeitskraft und Arbeitszeit die überlebenswichtigen Unterhaltsmittel für den täglichen Bedarf zu erringen. Die Schwierigkeit, Leistungen richtig beurteilen zu können, hat bedauerlicherweise vielfach auch dazu geführt, dass es viele »Blender« geschafft haben, sich bis in die höchsten Führungsetagen von Wirtschaftsunternehmen »hochzuschmuggeln«. Dieser unschöne Tatbestand ist ein offenes Geheimnis, den auch Harald Kaiser in seinem Geleitwort zu diesem Buch anprangert und beklagt.

Und in der Tat charakterisiert so manchen Manager ein besonders elitäres Gehabe, das er gerne auf diversen Kongressen und anderen Fachveranstaltungen, Messen oder Symposien, aber auch innerhalb des Unternehmens »zur Schau trägt«. Dort verschafft er sich mit Vorträgen Gehör, die andere konzipiert und entwickelt haben. Manager dieser Kategorie sind vornehmlich darauf bedacht, ihre (oftmals falschen) Ansichten in Angelegenheiten, von denen sie nachweislich gar nichts verstehen können, öffentlichkeitswirksam zu platzieren. Sie nutzen ihre Position und den damit verbundenen Einfluss vor allem dazu, ihre egoistischen und meist auf unbegrenztes Erwerbsstreben ausgerichteten Ziele zu verfolgen. Diese Sorte Manager, die man häufig auch daran erkennt, dass sie gesteigerten Wert auf Statussymbole wie goldene Firmenkreditkarten oder repräsentative Büros legt, verlässt ihr Unternehmen zumeist genau dann, wenn die Zeiten rauer, schwieriger und damit riskanter werden. Oft taucht sie dann nur kurze Zeit später bei einem anderen Unternehmen wieder auf, um ihre egoistischen Ziele und ihr Statusstreben dort in unverminderter Form weiter zu verfolgen.

Diese Art von Manager hat in unserer Gesellschaft mittlerweile entscheidend dazu beigetragen, dass industrielle Führungskräfte unterschiedlichster Branchen in Verruf geraten sind. Leidtragende dieses unerfreulichen Prozesses sind nun nicht nur alle geschäftsführenden Gesellschafter und all jene, die ihr Handwerk verstehen, die bescheiden, verantwortungsbewusst und umsichtig agieren und äußerst professionell arbeiten.

Und obwohl die Zahl derer, die ihre Unternehmen gewissenhaft und umsichtig führen, de facto viel größer ist als die Zahl jener, die hochmütig und verantwortungslos agieren, dabei völlig ungerechtfertigte Gehälter – und noch schlimmer, astronomische »Abfindungen« – kassieren, geraten natürlich zuletzt genannte Manager viel häufiger in die Schlagzeilen der Medien und damit in das Bewusstsein der Gesellschaft. Die Selbstherrlichkeit und der grenzenlose Egoismus dieser Manager sind sicherlich nicht zu bestreiten, so dass es durchaus nachvollziehbar ist, dass diese auch in Zukunft immer häufiger im Fokus der Öffentlichkeit stehen werden.

Aber obgleich eine harte und klare Standortbestimmung durch die Medien natürlich dazu dient, für die Gambler- und Abzockermentalität dieser »schwarzen Schafe« zu sensibilisieren, so sollte dabei nicht außer Acht gelassen werden, wie viele gute und leistungsfähige Manager es in der Wirtschaft gibt: Manager, die sich durch Nutzenbieten, Integrität, Zuverlässigkeit, Disziplin, Vertrauen und vor allen Dingen Wertschätzung im Umgang mit ihren Gesellschaftern, Kunden und Mitarbeitern auszeichnen.

Da ich sehr viele Führungskräfte dieser Art kennenlernen durfte, die nicht selten über unterschiedliche Beteiligungsmodelle auf ihr eigenes Risiko hin managen und in der Tat mehr »Unternehmer« als »Unterlasser« sind, habe ich nur wenig Verständnis für den Neid und die Missgunst, die Managern im Allgemeinen oftmals entgegengebracht wird, und möchte daher zur Differenzierung zwischen Blendern und echten Leistungsträgern auffordern. Denn unser volkswirtschaftlicher Wohlstand basiert in erster Linie auf leistungsfähigen Industrieunternehmen, die in ihrer ganzen Komplexität verstanden und richtig geführt werden müssen. Das Spannungsfeld aus Kunden, Mitarbeitern, Shareholdern, Produkten, Marketing, Vertrieb und Finanzwesen richtig zu beherrschen und fortlaufend auszubalancieren ist eine äußerst komplexe Aufgabenstellung, deren Ausübung ein hohes Maß an Verantwortungsbewusstsein und viele unterschiedliche Kompetenzen voraussetzt. Ein zunehmend unberechenbareres und undurchschaubareres internationales Wirtschaftsumfeld erfordert heute natürlich unvergleichlich weitreichendere Fähigkeiten von Führungskräften als noch vor einigen Jahren, was eine verantwortungsvolle Beurteilung der Leistungsfähigkeit von Managern noch zusätzlich erschwert.

Wie schwer es offensichtlich fällt, Leistungen richtig zu beurteilen, zeigt auch der Blick in die Welt der Höhenbergsteiger: Analog zur Zunft der Manager gibt es auch unter den Höhenbergsteigern *keine allgemeingültigen Kriterien und Richtlinien zur Leistungsbeurteilung.* Manager beurteilt man vielfach nach der Position, die sie im Unternehmen bekleiden, und nach dem Gehalt, das sie beziehen. Höhenbergsteiger beurteilt man in erster Linie nach der Anzahl erfolgreich erklommener Achttausender und der Popularität, die sie durch ihre Besteigungen erzielen konnten. Es muss wohl nicht explizit darauf hingewiesen werden, dass in beiden Fällen völlig unzureichende Kriterien zur Leistungsbeurteilung herangezogen werden.

Bleiben wir beim Beispiel des Höhenbergsteigers: Es ist völlig unverständlich, warum im Höhenbergsteigen bis heute kaum differenziert wird, ob ein Bergsteiger einen Gipfel mit oder ohne die Hilfe künstlichen Sauerstoffs erreicht hat. Beide Male gilt das Erreichen des Gipfels als erfolgreiche Besteigung, die in allen relevanten Chroniken des Bergsteigens ihren Eingang findet.

In den meisten anderen Sportarten herrschen sehr viel klarere und strengere Regeln. Wer auch nur ein einziges Mal leistungssteigernde Mittel einnimmt, die beispielsweise der Sauerstoffanreicherung im Blut dienen, wird des Dopings bezichtigt, berechtigterweise disqualifiziert und in der Regel für weitere Wettkämpfe gesperrt. Leistungen, die mit Dopingmitteln erzielt werden, werden den Athleten nicht nur aberkannt – mehr noch, diese Sportler gelten in der Gesellschaft als unehrenhaft und unfair.

Was in verschiedensten Sportarten also verpönt ist, ist im Höhenbergsteigen nicht nur erlaubt, sondern sogar gang und gäbe. Die unmittelbare Zuführung von reinem Sauerstoff zur Besteigung eines Achttausenders ist nämlich nicht die Ausnahme, sondern leider die Regel. Von Doping spricht in diesem Zusammenhang allerdings keiner, obgleich auf diese Weise für die meisten Menschen Besteigungen von Achttausendern überhaupt erst möglich werden. Zwar nennen diejenigen Höhenbergsteiger, die bei ihren Besteigungen auf künstlichen Sauerstoff verzichten, jeweils den Zusatz, dass sie ihre Leistungen ohne diese Hilfe erbracht haben, in der breiten Öffentlichkeit wird dieser enorme Leistungsunterschied aber kaum wahrgenommen. Dies hat natürlich auch zur Folge, dass Leistungen von Höhenbergsteigern, die auf »Sauerstoff-Doping« verzichten, nicht angemessen gewürdigt werden. Würden Achttausender-Besteigungen, die mit Hilfe künstlichen Sauerstoffs erfolgten, offiziell erst gar nicht anerkannt werden, so wäre natürlich die Zahl derer, die einen Besteigungsversuch unternehmen, deutlich geringer und kommerzielle Expeditionen eher die Ausnahme. Dasselbe gilt im übrigen auch für den Einsatz von Sherpas, die die Besteigung eines Achttausenders vielen Bergsteigern erst ermöglichen, indem sie den Weg zum Gipfel präparieren oder den Berg durch den Einsatz kilometerlanger Fixseile für durchschnittliche Alpinisten überhaupt erst »gefügig« machen.

Bei einer verantwortungsvollen Leistungsbeurteilung geht es also nicht nur um die Frage, welche Ergebnisse erzielt wurden, sondern auch um die Frage, wie diese Ziele erreicht wurden.

Analog verhält es sich mit der Leistungsbeurteilung von Managern in der Industrie. Auch hier sollte die Frage nach dem »Wie« nicht fehlen, auch wenn dies in unserer schnelllebigen Zeit kaum mehr üblich ist. Eine ungehinderte, freie und kritische Diskussion bezüglich der Ergebnisse von Managern ist nämlich erst dann möglich, wenn die Maßnahmen und Ressourcen, die zur Zielerreichung führten, sorgfältig analysiert und evaluiert wurden. Würde diese Analyse einigermaßen fundiert stattfinden, so würde man Managern ihr Einkommen vielfach auch zugestehen, da der Zusammenhang einer funktionierenden Wirtschaft und einer funktionierenden Gesellschaft für die breite Öffentlichkeit sehr viel klarer und damit transparenter werden würde. Die Verantwortung, die Führungskräfte heutzutage tragen, würde besser verstanden werden.

Insofern sind die aktuellen Diskussionen zu den Einkommensverhältnissen im Management auch ein Thema von politischer und gesamtgesellschaftlicher Relevanz. Entscheidend erscheint mir dabei, dass diese Diskussionen stets auf der Basis von Daten, Fakten und Hintergründen erfolgen sollten, die eine belastbare Beurteilung ermöglichen. Und es sollte bei all diesen Betrachtungen auch nicht außer Acht gelassen werden, dass die Transformation einer reinen Industrie- zu einer höherentwickelten Wissensgesellschaft andere Maßnahmen und einen anderen Ressourceneinsatz erfordern als die Bewahrung bereits bestehender Strukturen. Restrukturierungsmaßnahmen und Effizienzsteigerungsprogramme erhalten vor diesem Hintergrund eine andere Bedeutung. Die Komplexität, die sich weltweit durch einen dramatisch beschleunigten Daten- und Informationstransfer ergibt, erschwert das unternehmerische Denken und Handeln einer Führungskraft heute zusätzlich, was in die Bewertung der Leistungsfähigkeit eines Managers ebenfalls einfließen sollte.

Zusammengefasst sollten Führungskräfte neben den sieben von Hans Kammerlander genannten Führungskompetenzen also noch mindestens über nachfolgende Fähigkeiten verfügen, um Führungsverantwortung in der industriellen Praxis übernehmen zu können:

8. Führungskräfte müssen über *Markt- und Fachkompetenz* verfügen, da sie sonst ein Unternehmen nicht verantwortungsvoll und überzeugend steuern können. Was für den Projektleiter gilt (vgl. Kapitel IV), gilt auch für den Manager: Kompetenz schafft Glaubwürdigkeit und Vertrauen.

9. Der Führungsstil ist von großer Bedeutung, um *Mitstreiter für die gemeinsamen Ziele des Unternehmens gewinnen und motivieren* zu können. Die Ergebnisse eines Unternehmens, die der Manager letztendlich zu verantworten hat, werden langfristig nur dann gut sein können, wenn hochstehende Werte nicht nur als Lippenbekenntnisse formu-

e letzten Schritte zum Gipfel des Gasherbrum II (8.068 Meter).

Kletterausrüstung.

inhold Messner quert einen steilen Gletscherbruch am Gasherbrum II.

Kammerlander am Cerro Torre in Patagonien.

chrei aus Stein« – Cerro Torre, einer der schwierigsten und zugleich begehrtesten Gipfel der Welt.

Risskletterei am Cerro Torre.

Starker Sturm bei der Gipfelankunft am Cerro Torre.

uf dem Weg zum Sisha Pangma.

betische Gebetsfahnen im Sherpaland.

Hans Kammerlander bei Expeditionsvorbereitungen im heimischen Büro in Sand in Taufers.

liert und niedergeschrieben, sondern auch in der Praxis gelebt werden (vgl. Kapitel IV).

10. In einer zunehmend spezialisierteren und arbeitsteiligeren Wirtschaft gehört es zu den vordringlichen Aufgaben einer Führungskraft, ihren Mitarbeitern klar und verständlich zu vermitteln, welchen Beitrag sie für *»das Ganze«* leisten. Dies erfordert ein ganzheitliches, systemisches Denkvermögen.

11. Die Beiträge der Mitarbeiter für das Unternehmen müssen in *mess- und beurteilbaren Zielen* formuliert werden. Klare Ziele geben Orientierung und stellen sicher, dass das Unternehmen in eine gemeinsame, klar definierte Richtung entwickelt werden kann.

12. Es ist wesentlich, dass Führungskräfte die *Stärken ihrer Mitarbeiter kennen* und sie entsprechend für das Unternehmen *einsetzen.* Die Leistungsbereitschaft von Mitarbeitern, die stärkenkonform beschäftigt werden, nimmt in der Regel zu, ihre Arbeitsergebnisse werden deutlich besser.

13. Die *Leistungsbeurteilung* von Mitarbeitern basiert auf mess- und beurteilbaren Zielen. Nur der Soll/Ist-Vergleich von Zielen und Ergebnissen ermöglicht eine fundierte Bewertung der Leistungsfähigkeit. Dabei ist aber darauf zu achten, dass nicht nur die Ergebnisse selbst analysiert werden, sondern auch, wie sie erreicht wurden. Realisierte Maßnahmen und eingesetzte Ressourcen sollten im Mittelpunkt einer solchen Analyse stehen (vgl. Kapitel II).

Kraft, Mut und Entschlossenheit (vgl. Kapitel I), positives Denken, Chancen- statt Problemorientierung (vgl. Kapitel II), Selbstvertrauen und eine richtige Selbsteinschätzung (vgl. Kapitel III) sowie eine ebenso disziplinierte wie konsequente Zielverfolgung (vgl. Kapitel IV) sind weitere Kompetenzen, über die eine Führungskraft verfügen muss, um ein Unternehmen verantwortungsvoll steuern zu können. Diese wurden in den vorhergehenden Kapiteln bereits ausführlich erörtert.

Best practice: Verantwortungsvolle Führung in der Automobilindustrie

Nachdem die Darstellung der bisherigen Best-practice-Beispiele in den vorhergehenden Kapiteln auf die *Aufgaben und Kompetenzen* einer wirksamen und erfolgreichen Führungskraft der Automobilindustrie abzielte, die im Fokus des jeweiligen Kapitels standen, erscheint es an dieser Stelle sinnvoll und richtig, die bereits angeführten Praxisbeispiele zur Vertiefung nun unter dem Aspekt »Verantwortung« nochmals gezielt zu beleuchten. Jedes der vier Beispiele kann für sich als Benchmark für eine verantwortungsbewusste Führung in der Automobilindustrie herangezogen werden, so dass der geänderte Blickwinkel auf die nunmehr schon bekannten Praxisbeispiele essentielle Führungsverantwortung anschaulich vermittelt.

Die bereits erörterte Marktsättigung in den Triademärkten der Automobilindustrie (Europa, Nordamerika, Japan), die spätestens Anfang der 90er Jahre eingetreten ist, hat seither zu gravierenden Veränderungen in der Branche geführt. Nichts ist so beständig wie der Wandel. Zahlreiche Programme zur Produktivitätssteigerung, unterschiedliche Preissenkungsstrategien, eine stetige Zunahme an Modellen und Varianten, Innovationswettläufe und die Spielverlagerung in immer neue Märkte kennzeichnen die Herausforderungen des Automobilmanagers seit nun mehr als fünfzehn Jahren. Dies gilt für Führungskräfte der Automobilhersteller und großen Zulieferkonzerne genauso wie für die Manager der überwiegend mittelständischen Unternehmen, die Bauteile bzw. Komponenten liefern oder Entwicklungsdienstleistungen erbringen.

Dabei lassen sich die verschiedenen *Komplexitätstreiber* der Branche in folgende Kernanforderungen unterteilen und zusammenfassen:

Marktanforderungen

Zur Differenzierung der angebotenen Produkte im internationalen Vergleich wird sich die Modell- und Variantenausweitung der Automobilhersteller unvermindert fortsetzen. Gleichzeitig werden auch weiterhin immer neue Leistungsmerkmale gesucht und in die Fahrzeuge integriert werden, wobei es dabei aber mehr denn je darauf ankommen wird, »endkundenorientierte Leistungsmerkmale« anzubieten, da »Pseudoinnovationen«, also Neuerungen ohne wahrnehmbaren Mehrwert für den Kunden (Qualität/Preis), keinen signifikanten Beitrag für einen nachhaltigen Markterfolg stiften können.

Technologieanforderungen

Es ist davon auszugehen, dass sich die internationale Gesetzgebung – besonders bezüglich der Fahrzeugsicherheits- und Umweltanforderungen – noch weiter verschärfen wird. Daher werden bereits heute, mehr noch aber in Zukunft, leichtere Werkstoffe im Automobilbau an Bedeutung gewinnen. Insbesondere hochfeste Leichtmetall-Legierungen auf Aluminium- und Magnesiumbasis sowie Kunststoffe werden verstärkt eingesetzt werden, was zu einer Komplexitätserhöhung in den bestehenden Verbindungstechnologien führen wird.

Kundenanforderungen

Da das prognostizierte Wachstum der Weltfahrzeugproduktion in erster Linie in Schwellenländern, den sogenannten »Emerging Regions«, stattfinden wird, wird es zum entscheidenden Erfolgskriterium, den wahrnehmbaren »Kundennutzen« der Fahrzeuge auf diese Regionen abzustimmen. Fernöstliche Herausforderer, allen voran natürlich Toyota, verfügen in diesen Ländern bereits heute über signifikante Marktanteile, nachdem sie Nordamerika bereits erfolgreich erobert haben. Die Herstellung von Fahrzeugen der Premiumklasse wird auch künftig eine Spezialität deutscher Hersteller bleiben, wobei aber abzuwarten sein wird, welche Auswirkungen die nachhaltig höheren Rohölpreise sowie die nicht endende CO_2-Diskussion auf die Marktentwicklung haben werden.

Die genannten Anforderungen führen alle Manager der Automobilindustrie unwillkürlich zur Fragestellung, mit welchen Leistungen sie auch künftig die richtigen Produkte in der richtigen Qualität und zum richtigen Preis bieten können. Damit besteht die strategische Schlüsselaufgabe eines Automobilmanagers also vor allem darin, die dynamischen Veränderungen im Markt richtig zu antizipieren, Kundenbedürfnisse zu erkennen und auf dieser Basis die richtige Unternehmensstrategie zu formulieren. Für diese Schlüsselaufgabe werden Automobilmanager bezahlt und dafür tragen sie auch die Verantwortung.

Da Innovationen den einzigen Ausweg aus gesättigten Märkten darstellen, geht es also im Kern darum, Bestehendes kontinuierlich zu verbessern, indem man auch neue Wege geht. Das Best-practice-Beispiel aus Kapitel I hat gezeigt, dass es durchaus möglich ist, auch in schwierigen Marktsegmenten wie in jenem der Entwicklungsdienstleister durch innovative, neue Geschäftsideen und strategische Anpassungsleistungen sich einem drohenden Ausscheidungsturnier zu entziehen. Die Vision, sich als vernetzt agierender »Prozessintegrator« verstärkt den Koordinations- und Steuerungsaufgaben in der Lieferpyramide zu widmen, konnte trotz unterschiedlicher Bedenken verschiedener Parteien letztendlich erfolgreich realisiert werden.

Dies setzte allerdings voraus, dass die vom Management definierten Unternehmensziele zu Zielen jedes einzelnen Mitarbeiters gemacht werden konnten, was nahezu fünf Jahre in Anspruch genommen hatte. In dieser Zeit war es von vordergründiger Bedeutung, die richtige Mischung von Zielen zu finden, die einerseits das bestehende Geschäftsmodell nicht gefährdeten und andererseits die strategische Neuausrichtung forcierten. Einen solchen Balanceakt müssen Manager im Rahmen ihrer Führungsaufgabe perfekt beherrschen, da sie die Unternehmensentwicklung in alle Richtungen zu verantworten haben.

Das Beispiel zeigt zweifellos auch, dass es für die strategische Neuausrichtung eines Unternehmens meistens erforderlich ist, über eine Ertragskraft zu verfügen, die es überhaupt erst ermöglicht, künftige Erfolgspotentiale in der dargestellten Form konsequent und diszipliniert entwickeln und realisieren zu können. In diesem Kontext gehört es zu den zentralen Führungsaufgaben eines Managers, das Spannungsfeld von Kunden-, Shareholder- und Mitarbeiterinteressen stets so ausgewogen wie möglich zu gestalten. Dies ist nur möglich, wenn alle Parteien die gewählte Unternehmensstrategie des Managers verstehen und mit Nachdruck unterstützen. Gerade in einer Zeit der unternehmerischen Neuausrichtung ist es wichtig, Entscheidungen so zu kommunizieren, dass die betroffenen Mitstreiter den unternehmerischen Richtungswechsel verstehen, akzeptieren und umsetzen. Nur so ist sichergestellt, dass ein Unternehmen sich nicht nur verändert, sondern auch im Markt besteht. Nur eine klare, verständliche, nachvollziehbare und belastbare Strategie des Managements gibt den Mitarbeitern Orientierung und ihrer Tätigkeit Sinn und Richtung. Und genau dafür tragen Manager die Verantwortung.

Aufgrund der sich rasch ändernden Umweltbedingungen müssen strategische Anpassungsleistungen oftmals in kürzester Zeit erfolgen. Das Best-practice-Beispiel aus Kapitel II hat gezeigt, dass die Integration einer wirksamen Vertriebsorganisation in eine bestehende Unternehmensstruktur auch in weniger als einem halben Jahr möglich ist, sofern alle Beteiligten an einem Strang in dieselbe Richtung ziehen. Peter Druckers Managementgrundsatz »structure follows strategy« folgend, hat das Beispiel auch gezeigt, dass es zu den wesentlichen Aufgaben eines Managers gehört, eine Organisation zu realisieren und Werkzeuge zu implementieren (Erfassung des Auftragseingangs, Kundenkontaktsystem, geeignete und umsetzbare Zielvereinbarungen ...), die eine ziel- und ergebnisorientierte Führung und damit die Verantwortungsübernahme für die Unternehmensentwicklung erst ermöglichen.

Darüber hinaus erfordern strukturelle Anpassungen auch immer eine eindeutige Festlegung von Aufgaben, Kompetenzen und Verantwortlichkeiten, um Doppelspurigkeiten und Aufgaben-, Kompetenz- sowie Verantwortungsvakuen zu vermeiden. Eine gut durchdachte Organisation, die die Eigenverantwortung der Mitarbeiter stärkt und auf diesem Weg deren Leistungsbereitschaft erhöht, entlastet das Management und führt zu einer harmonischen Unternehmenskultur, in der alle Mitarbeiter im Sinne des Unternehmensauftrages bestmöglich zur gemeinsamen Zielerreichung beitragen.

Aber auch wenn Strategie, Struktur und Kultur stimmen und ein Unternehmen bereits seit Jahren erfolgreich im Markt agiert, können unternehmerische Risiken für Mitarbeiter und Investoren oftmals nicht gänzlich ausgeschlossen werden. Das Best-practice-Beispiel aus Kapitel III hat gezeigt, dass nicht immer alle Umweltfaktoren prozesssicher eingeschätzt werden können – besonders dann, wenn sich politische oder gesellschaftliche Veränderungen innerhalb kürzester Zeit ergeben. Entscheidend ist in solchen Fällen aber, dass das eingegangene Risiko eine Unternehmung nicht an den Rand der Insolvenz bringt, sondern es im schlimmsten Fall lediglich ein wenig schwächt. Die 30-prozentige Teuerung des brasilianischen Reals gegenüber dem US-Dollar hat gezeigt, welch unmittelbare Auswirkungen beispielweise Währungsschwankungen auf das unternehmerische Handeln haben können.

Mit dieser Problematik werden sich Automobilmanager im Rahmen einer zunehmenden Internationalisierung künftig noch verstärkt auseinandersetzen müssen, so dass dem Risikomanagement in Unternehmen immer mehr Bedeutung zukommen wird. Dafür ist es erforderlich, auch interkulturelle Barrieren überwinden zu können, was an die Manager der Branche deutlich höhere Ansprüche stellt als bisher. Eine zielorientierte Kommunikation, Mitarbeiterförderung und -coaching sowie der Umgang mit Konfliktsituationen erfordern in der internationalen Zusammenarbeit deutlich mehr Persönlichkeitskompetenz vom Manager als in eher regional geprägten Kooperationsstrukturen.

Die Definition, Planung, Steuerung und Realisierung von Projekten in einem internationalen Umfeld setzt folglich neben fachlichen und methodischen Fähigkeiten vor allen Dingen ein hohes Maß an sozialer Kompetenz voraus. Kooperations- und Kommunikationsfähigkeiten sowie belastbare charakterliche Eigenschaften sind die Basis, um auch kulturübergreifend Projekte erfolgreich realisieren zu können. Das Best-practice-Beispiel aus Kapitel IV hat gezeigt, dass erst der vertrauensvolle Umgang mit allen Mitstreitern zum gewünschten Erfolg in dem dargestellten Gesamtfahrzeugprojekt führte. Dafür war es erforderlich, Konflikte wahrzunehmen, zu erkennen, zu analysieren und auszuräumen. Erst die gezielte Auseinandersetzung mit den unterschwellig wirkenden Konflikten führte letztlich dazu, dass festgefahrene Strukturen aufgebrochen, neue Strukturen geschaffen und im Anschluss außerordentlich gute Ergebnisse erzielt werden konnten.

Die Beherrschung des »magischen« Projektdreiecks aus Kosten, Qualität und Terminen bleibt in der Praxis nämlich so lange Theorie, solange nicht alle Beteiligten ein gemeinsames Ziel verfolgen. Daher gehört es zu den zentralen Führungsaufgaben eines Managers, Ziele spezifisch, messbar, realistisch und terminiert mit allen Beteiligten abzustimmen und zu vereinbaren. Es ist darauf zu achten, dass die unterschiedlichen Ziele aller Mitarbeiter vollständig, widerspruchsfrei und motivierend formuliert werden. Je attraktiver die Ziele vermittelt werden, desto höher ist die Motivation und Leistungsbereitschaft der Mitarbeiter.

Entscheidend ist, dass die Mitarbeiter wissen, welchen Beitrag sie jeweils für das Ganze leisten, was im Falle der beschriebenen Gesamtfahrzeugentwicklung relativ einfach möglich war: Als alle Mitarbeiter wussten, welche konkreten Aufgaben sie in der Gesamtheit des Projektes wahrnehmen mussten, um unter Berücksichtigung der vorgegebenen Qualität, Kosten, Termine und Ressourcen das übergeordnete Ziel zu erreichen, konnte der Entwicklungsprozess erfolgreich realisiert werden.

Management Summary

Im Gegensatz zur vorindustriellen Arbeitsform, als Wertschöpfung eine real-konkrete und somit unmittelbar wahrnehmbare Größe darstellte, bildet der Erwerb eines Geldbetrages zum Bestreiten des Lebensunterhaltes heute nur mehr eine nominell-abstrakte Größe ab. Aufgrund der Entkopplung des Erwerbs- vom eigentlichen Produktionsakt besteht die Gefahr, dass der Mitarbeiter das Interesse am Wert und der Güte seines Produktes oder seiner Dienstleistung zunehmend verliert. Daher gehört es heute zu den wesentlichsten Aufgaben einer Führungskraft, seinen Mitarbeitern klar zu vermitteln, welchen konkreten Beitrag sie für »das Ganze« leisten. Dies setzt eine klare, verständliche und nachvollziehbare Unternehmensstrategie voraus, da die Mitarbeiter wissen müssen, welche übergeordneten Ziele vom Unternehmen verfolgt werden. Die strategische Ausrichtung verantwortet das Management des Unternehmens und kann nicht delegiert werden.

Um strategische Unternehmensziele überhaupt richtig formulieren zu können, müssen Manager über ein fundiertes Marktverständnis verfügen. Denn Führung mit Zielen bedingt, dass die Strategie stimmt und dass Unternehmensstrukturen bestehen, die auf die Mitarbeiter motivierend und leistungsfördernd wirken. Dabei müssen Manager unbedingt dafür sorgen, dass Zielkonflikte, Aufgabenvakuen und Doppelspurigkeiten vermieden werden. Aufgaben, Kompetenzen und Verantwortlichkeiten müssen eindeutig definiert sein! Für die Organisation sowie eindeutige Verantwortlichkeiten trägt das Management die Verantwortung.

Die professionelle Führung einer Unternehmung erfordert vom Manager darüber hinaus belastbare charakterliche Eigenschaften wie Integrität und Wertschätzungskompetenz, da es ihm ohne das Vertrauen seiner Mitarbeiter nicht möglich sein wird, das Unternehmen erfolgreich zu entwickeln. Analoges gilt auch für die Fach- und Methodenkompetenz des Managers, die unabdingbar ist, um die Richtung des Unternehmens glaubwürdig vorgeben und richtige Entscheidungen treffen zu können, die von allen Mitarbeitern mitgetragen werden. Dabei sind stets die künftigen Erfolgspotentiale genauso zu berücksichtigen wie die bereits bestehenden. Innovation kann nur dort entstehen, wo das Management die volle Verantwortung für diese Aufgabe übernimmt.

Epilog

»Sich mit dem bloßen Existieren zu begnügen,
das ist einfacher und sicherer,
als immer wieder an die Grenzen zu gehen.
Aber lieber packe ich mehr Leben in die Jahre,
als Jahre ins Leben.«
Hans Kammerlander

Extremalpinismus, Sportklettern und Höhenbergsteigen genießen in Ländern wie England und Frankreich seit jeher einen ungleich höheren Stellenwert als im gesamten deutschsprachigen Raum. Spitzenbergsteiger wie Doug Scott oder Christophe Profit gehören dort zu den bekanntesten und beliebtesten Sportpersönlichkeiten, deren Wort in vielerlei Hinsicht Gehör findet. Diese Spitzenalpinisten sind dort ähnlich populär wie die Formel-1-Weltmeister Nigel Mansell oder Alain Prost. Im Gegensatz zu vielen anderen Ländern, in denen Extrembergsteiger oftmals als Exoten gelten, die ihre Kraft und Energie an etwas vollkommen Sinnloses vergeuden, gelten sie in England und Frankreich als wahre Heroen der Neuzeit.

Während sich hierzulande nur ganz wenige Elitebergsteiger wie der weltbekannte Reinhold Messner oder der am Cho Oyu (1982) viel zu früh verunglückte Spitzenalpinist und erste deutsche Everestbesteiger Reinhard Karl durch Bergsteigen, Fotografieren, Vorträge und Veröffentlichungen ihren täglichen Lebensunterhalt verdienen können, erhalten englische und französische Spitzenbergsteiger schon seit Jahrzehnten gutes Geld für harte Arbeit. Und so gilt das Höhenbergsteigen dort auch nicht als Degenerationserscheinung einer »übersättigten« Gesellschaft, sondern vielmehr als eine höchst anerkannte sportliche Disziplin, die zeigt, wie wichtig es auch heute noch ist, den richtigen Instinkten folgen zu können, um dort, wo es auf unserer Erde am extremsten ist, leben und überleben zu können.

Der Extremalpinismus bildet aus dieser Perspektive einen Gegenpol zu einer zivilisierten Welt, die an vielen Stellen von Bequemlichkeit, Langeweile, Computerabhängigkeit und undefinierbaren Lebensängsten gekennzeichnet ist. Deshalb haben Bücher und andere Publikationen von Spitzenbergsteigern in England und Frankreich auch ein anderes Gewicht als hierzulande, wo allenfalls spannende Abenteuerberichte in der breiten Öffentlichkeit Aufmerksamkeit erfahren, wie die Beschreibung Jon Krakauers zu den dramatischen Ereignissen am Mount Everest im Frühjahr 1996. Und so genießt die englische und französische

Bergliteratur nicht nur einen viel höheren gesellschaftlichen Stellenwert, sondern ist darüber hinaus von Metaphern und Analogien geprägt, die unmittelbar auf den persönlichen und beruflichen Alltag des Lesers übertragbar sind.

So hat sich beispielsweise der bereits erwähnte Engländer Doug Scott, bekannt für seine Fähigkeiten im Fels, Eis und kombinierten Gelände sowie seine einzigartigen Erfolge an den schwierigsten Himalaja-Wänden (1975: erste Durchsteigung der Mount Everest-Südwestwand; 1977: erste Besteigung des Ogre; 1979: erste Durchsteigung der Nuptse-Nordwand; 1982: erste Durchsteigung der Shisha Pangma-Südwestwand u.v.m.) immer wieder zu »falschem Ehrgeiz« im Rahmen anspruchsvoller Unternehmungen geäußert. In zahlreichen Aufsätzen, Studien und Büchern stellte er anhand von verschiedenen Beispielen dar, dass Expeditionen an den höchsten Bergen der Welt nur dann gelingen können, wenn Körper und Geist eine tatsächliche Einheit bilden und meist scheitern, wenn ein oder mehrere Teilnehmer von der Idee des Gipfelerfolgs so besessen sind, dass »falscher Ehrgeiz« die Unternehmung negativ beeinflusst. Jeder, der sich auf einen Achttausender vorbereitet, ist natürlich ehrgeizig, leistungsbereit und höchst motiviert, und das ist prinzipiell auch nicht schlecht. Aber wenn Neid, Eitelkeiten, unkontrollierbarer Ärger, Furcht und Frustration das Resultat »falschen Ehrgeizes« sind, so reduzieren diese die Expeditionsmoral erheblich, und die Erfolgsaussichten sinken ganz beträchtlich.[25]

Bekanntlich sind Konkurrenzkämpfe seit jeher ein fester Bestandteil zwischenmenschlicher Beziehungen und kennzeichnen somit auch das tagtägliche Zusammenwirken in industriellen Strukturen. Und überall dort, wo sich Hierarchien unter Menschen bilden, die in irgendeiner Art und Weise zusammenarbeiten, gilt dies natürlich in besonderem Maße. In der Automobilindustrie treten bereits heute – verstärkt aber noch in Zukunft – nicht mehr Einzelunternehmen gegeneinander an, sondern vermehrt Lieferketten (Supply Chains), also Konglomerate aus Unternehmen, deren Kompetenzen sich nutzbringend ergänzen sollen. Um diesen Wandel im internationalen Wettbewerbsumfeld bestehen zu können, muss der Fokus des Managements deshalb sowohl auf den erforderlichen Qualitätsprofilen der Mitarbeiter des Einzelunternehmens liegen als auch auf den Mechanismen, Methoden und Instrumenten eines neuen mannschaftlichen Spiels.[26] Und zur Steuerung komplexer Teamstrukturen ist es heute erforderlicher denn je, stets der Sache zu dienen, bescheiden vorzugehen und auch bescheiden zu bleiben. Eigen-

25 Vgl. Höfler, H.: Sehnsucht Berg, 1989, S. 160.
26 Vgl. Kurek, R. / Schindler, S.: Gewinner von morgen handeln heute, 2002, S. 118.

zentrierte Eitelkeiten und »falscher Ehrgeiz« helfen nicht, um als Teammitglied einer Lieferkette im Markt nachhaltig erfolgreich agieren zu können.

Insofern ist es auch für Führungskräfte in der Automobilindustrie von zentraler Bedeutung, nicht nur klare Strategien zu entwickeln und zu verfolgen sowie ergebnisorientierte Zusammenarbeitsstrukturen zu realisieren, sondern auch eine gesunde Kultur innerhalb des eigenen Unternehmens und über Unternehmensgrenzen hinweg zu leben. Nur so werden schlagkräftige Wertschöpfungspartnerschaften ermöglicht, die in den kommenden Jahren einen wesentlichen Erfolgsfaktor der hiesigen Automobilindustrie im internationalen Vergleich darstellen werden. Denn anders als in Japan beispielsweise, wo die Zulieferer über Kapitalbeteiligungen fest in das sogenannte Keiretsu-System eingebunden sind, finden wir in Europa größtenteils noch mittelständisch aufgestellte, mit verschiedenen Herstellern und weiteren Partnern der Lieferpyramide kooperativ zusammenarbeitende Automobilzulieferer. Diese Form der Zusammenarbeit erfordert ein hohes Maß an Sozialkompetenz, die »falschen Ehrgeiz« verbietet.

Ein weiterer englischer Alpinist, der bereits Anfang des 20. Jahrhunderts eine ganze Reihe von Analogien zwischen dem Spitzenalpinismus bzw. extremen Skiabfahrten und dem persönlichen und beruflichen Alltag herstellte, war Sir Arnold Lunn, Skipionier und »Erfinder« des alpinen Slaloms (1908: Gründer des Alpine Ski Club; 1917: erste Skibesteigung des Dom; 1924: erste Skibesteigung des Eiger; 1962: Verleihung des Titels »Sir«). Arnold Lunn, geistig rege bis zu seinem Tode im Jahr 1974, war ein renommierter und außerordentlich wortgewandter Vortragsredner sowie verantwortlicher Herausgeber verschiedener Bergmagazine, der stets betonte, dass die geistigen Wurzeln des Glaubens eines jeden Bergsteigers dem tiefen Bewusstsein entspringen, dass der Sinn des Lebens im Suchen nach dem Neuen liegt. Als liberal erzogener, weitgereister, philosophisch gebildeter, vielseitig interessierter und belesener Mann war er mit dieser Hypothese zwar nicht allein, doch er brachte sie als erster Alpinist überzeugend auf den Punkt.[27]

Mit dieser Hypothese entspricht er auch Peter Druckers Feststellung, dass es prinzipiell keine gesättigten Märkte gebe, sondern letztlich nur gesättigte Hirne (1955). Das ist aus industrieller Sicht natürlich auch unmittelbar nachvollziehbar, denn Innovationen entstehen nur dann, wenn gezielt nach neuen Wegen gesucht wird und diese auch tatsächlich beschritten werden, um dadurch im Markt ein entsprechendes

27 Vgl. Höfler, H.: Sehnsucht Berg, 1989, S. 80.

Resultat zu erzielen. Auf die in der Triade gesättigte Automobilindustrie übertragen, resultiert daraus die Notwendigkeit, den Endkunden immer bessere Produkte in der richtigen Qualität zum richtigen Preis anzubieten, die zudem noch zum richtigen Zeitpunkt zur Verfügung gestellt werden müssen (»time to customer«). Peter Druckers bekanntes Zitat »*Innovation is the provision of better and more economic goods and services. It is not enough for the business to provide just any economic goods and services; it must provide better and more economic ones*« beschreibt somit auch eine der bedeutsamsten Aufgabenstellungen der weltweiten Automobilindustrie: Die Branche wird künftig mehr denn je darauf achten müssen, dass der Wettlauf um Innovationen die Konzentration auf den wahren Kundennutzen nicht gefährdet.[28]

Echter Kundennutzen kann aber nur dort entstehen, wo wahrnehmbare und überlegene Qualitätsmerkmale im Vergleich zur Konkurrenz vorliegen und wo bestehende technische Lösungen aus Kundensicht signifikant optimiert werden. Da Preissenkungsstrategien bekanntermaßen schneller neutralisierbar sind als Qualitätsvorsprünge, wird es also im internationalen Wettbewerb künftig vor allem darauf ankommen, einen konkret wahrnehmbaren *positiven* Kundennutzen zu erzielen. Nur auf diese Weise können Marktanteilsgewinne in den gesättigten Märkten überhaupt noch realisiert werden. Um künftige Erfolgspotentiale finden und entwickeln zu können, ist es erforderlich, fortwährend nach neuen Lösungen zu suchen, die Bestehendes verbessern. Insofern liegt der Sinn des industriellen Handelns im permanenten Suchen nach dem Neuen.

Ein weiterer typischer »Eroberer des Nutzlosen« (Lionel Terray), der im extremen Alpenklettern neue Maßstäbe setzt, ist der Franzose Christophe Profit (1980: Winterdurchsteigung des Super Couloir am Montblanc du Tacul; 1983: Winter-Solo-Durchsteigung des Hyper Couloir du Brouillard in der Montblancgruppe; 1985: Allein-Durchsteigungen der Nordwände von Matterhorn, Eiger und Grandes Jorasses innerhalb von 24 Stunden; 1989: Winter-Solo-Begehung des Peuterreygrates zum Gipfel des Montblanc in 19 Stunden).

Vor einem Millionenpublikum durchstieg er im März 1987 vor laufenden TV-Kameras in etwas mehr als vierzig Stunden unter äußerst widrigen Umständen den 1.100 Meter hohen Croz-Pfeiler der Grandes Jorasses, die 1.700 Meter hohe Eiger-Nordwand und die 1.050 Meter hohe Matterhorn-Nordwand. Diese Winter-Trilogie erforderte von dem aufstrebenden Jungunternehmer eine minutiös exakte Planung und perfekte

28 Vgl. Kurek, R.: Erfolgsstrategien für Automobilzulieferer, 2004, S. 198 ff.

Organisation. Kritikern, wie dem deutschen Journalisten Axel Klemmer (»Bergwelt«, 1/1986) entgegnete er nach diesem spektakulären Erfolg, dass Weiterentwicklung im Alpinismus nur auf der Basis grenzsprengender, immer extremerer Expeditionen dieser Art möglich sei.[29] Dabei sind die von ihm aufgezeigten Parallelen zum Formel-1-Sport durchaus nachvollziehbar, da es auch im Grand-Prix-Sport unter anderem darum geht, viele Zuschauer an der Strecke und vor den Fernsehschirmen für außergewöhnliche Leistungen zu begeistern und darüber hinaus technologische Weiterentwicklung zu betreiben, die der Automobilkonzeption im Allgemeinen und dem Sportwagenbau im Besonderen zugute kommt (Aerodynamik, Leichtbau, Rollwiderstand etc.).

Zudem geht es Profit bei seinen extremen Abenteuern nicht zuletzt auch darum, Vorhaben in die Tat umzusetzen, die für andere Kindheitstraum und Vision zugleich sind. Er möchte damit zeigen, dass es sich lohnt, diszipliniert und konsequent seine Ziele zu verfolgen, um sie am Ende auch erreichen zu können.

Diese Philosophie teilt Profit mit dem ehemaligen deutschen Bundespräsidenten Roman Herzog, der in seiner Berlin-Rede im April 1997 Visionen als »Strategien des Handelns« bezeichnete. Und zu Visionen gehören aus Herzogs Sicht vor allem Mut, Kraft und nicht zuletzt die Bereitschaft, Ideen auch zu verwirklichen.[30] Natürlich ist es gerade in den gesättigten Märkten der Automobilindustrie von herausragender Bedeutung, dass es Unternehmer und Führungskräfte gibt, die Visionen mutig und zielorientiert verwirklichen. Und eines ist sicher: Wann auch immer Menschen etwas Außergewöhnliches geleistet haben, konnten sie zuvor eine klare Vision formulieren. Nur was wir uns bildlich vorstellen können, sind wir auch in der Lage, in die Realität umzusetzen. Insofern helfen die wahrhaftigen und echten Leistungen sowie die mess- und beurteilbaren Resultate eines Christophe Profit dazu, als Vorbild zu dienen, als Vorbild für die Umsetzungskraft und Entschlossenheit eines Visionärs. Und irgendwann wird dann auch die Überschreitung des Mount Everest, Lhotse und Nuptse in einem Zug gelingen, natürlich ohne künstlichen Sauerstoff und im Alpinstil, zweifelsohne eine der größten denkbaren Herausforderungen im Höhenbergsteigen.

Vor dem Hintergrund sich kontinuierlich neigender Ölreserven, einer immer fragileren Energieversorgung und der unausweichlich gewordenen Regelung bezüglich der Emission von Treibhausgasen, insbesondere von Kohlendioxid, bedarf es auch in der Automobilindustrie umsetzungsstarker und entschlossener Unternehmer und Führungskräfte,

29 Vgl. Höfler, H.: Sehnsucht Berg, 1989, S. 210.
30 Vgl. Kurek, R. / Nell-Breuning, C. von: Automobilbau im Alleingang, 2005, S. 171.

die innovative Antriebstechnologien gezielt weiterentwickeln und – und das ist das Entscheidende – diese Innovationen auch »auf die Straße« bringen, das heißt für den Markt umsetzen.[31] Die Amerikaner sprechen in diesem Zusammenhang von einem »Mission Statement« des Managements eines Unternehmens und erinnern dabei häufig an Martin Luther Kings programmatische Rede mit dem Leitsatz *»I have a dream«*.

Ein weiterer französischer Spitzenbergsteiger, der Entscheidendes – nicht nur in bergsteigerischer Hinsicht – für den Alpinismus geleistet hat, ist Gaston Rébuffat (1945: erste Durchsteigung der Dent-du-Requin-Nordwand in der Montblancgruppe; 1950: Teilnehmer der erfolgreichen französischen Expedition zur Annapurna, die als erster Achttausender von Maurice Herzog und Lois Lachenal am 3. Juni 1950 bestiegen wurde; 1956: erste Durchsteigung der Aiguille-du-Midi-Südostwand; 1981: Erstbegehung an der Pelvoux-Nordostwand). Obgleich Rébuffat zu den profiliertesten Alpinisten Frankreichs zählte, so gehörte er sicherlich nicht zur absoluten alpinistischen Spitze seiner Zeit. Zu den großen Alleingängern wie Walter Bonatti oder Hermann Buhl gehörte er nicht, wohl aber zu den größten Schriftstellern der alpinen Literatur. Neben seinem Bergführerberuf, den er fast bis zu seinem Tod im Jahre 1985 ausübte, schrieb er 18 (!) zum Teil sehr bemerkenswerte Bücher sowie Drehbücher zu insgesamt fünf Filmen, in denen er auch Regie führte und als Hauptdarsteller fungierte.[32]

In seinen Büchern und Filmen ging es Gaston Rébuffat jedoch weniger darum, alpin-technische Leistungen zu vermitteln, sondern vielmehr darum, die Bedeutung guter und richtiger Führung in den Bergen hervorzuheben. Immer wieder betonte er, dass der Bergführer weder bloße Klettermaschine für Fels- und Eiswände noch Sachverständiger für Wetter und Route sein dürfe, sondern vielmehr ein kommunikations- und kooperationsfähiger Partner sein müsse, dessen Kernaufgabe darin besteht, *andere erfolgreich zu machen*. Mit dieser Einstellung als Bergführer erkletterte er mit seinen Kunden binnen weniger Jahre die Nordostwand des Piz Badile (mit Bernard Pierre), die Petit-Dru-Nordwand (mit René Mallieux), die Matterhorn-Nordwand (mit Raymond Simond) und sogar die Eiger-Nordwand (mit Paul Habran) zu einer Zeit, als diese Besteigungen noch als äußerst anspruchsvoll und somit etwas Besonderes galten. Es muss wohl nicht eigens betont werden, dass er mit diesen Leistungen zweifellos zu den erfolgreichsten Bergführern der alpinen Geschichte zählt.

---

31 Vgl. Kurek, R.: Nutzfahrzeug-Dieselmotoren, 2006, S. 9.
32 Vgl. Höfler, H.: Sehnsucht Berg, 1989, S. 129.

Kooperations- und Kommunikationsfähigkeit zählen auch in der Automobilindustrie zu den entscheidenden Fähigkeiten einer Führungskraft. Insofern dient auch Rébuffat als unmittelbares Vorbild für Manager der Branche. Genauso wenig wie ein Bergführer nur für sich klettert, führt ein Manager ein Unternehmen nur für sich. Und genauso wie ein Bergführer den Zweiten am Seil in schwierigen Situationen stärkt, unterstützt ein Manager seine Mitarbeiter stets dabei, bestmögliche Leistungen zu erbringen. Beide lieben die Herausforderung, aber hassen die Gefahr – Begriffe von völlig unterschiedlicher Bedeutung.

Um die künftigen Herausforderungen in der Automobilindustrie meistern zu können, werden Kooperations- und Kommunikationskompetenz zu entscheidenden Schlüsselqualifikationen von Führungskräften, um sich mit ihren Unternehmen in den hochspezialisierten und äußerst vernetzten Arbeitsprozessen der Branche erfolgreich behaupten zu können. Als Integrator und Querschnittsfunktion über alle unternehmerischen Wertschöpfungsprozesse hinweg gehört es folglich auch zu den vordringlichen Aufgaben eines Automobilmanagers, sein Unternehmen nicht nur strategisch und strukturell, sondern auch kulturell stetig weiterzuentwickeln. Auch in dieser Hinsicht soll das Buch einen konkreten Beitrag dazu leisten, dass sich die Erfolgsgeschichte der hiesigen Automobilindustrie weiterhin unvermindert fortsetzen lässt.

Glossar

Abseilen | Methode, sich an einem steilen Hang oder einer Wand mit Hilfe eines Seils hinabzulassen, wobei das Hinablassen mittels einer Seilbremse verlangsamt wird.

Alpinstil | Besteigungsmethode (eines hohen Berges), deren Ideal es ist, mit minimalem Gewicht und Aufwand einen Gipfel zu erreichen. Durch Höhenbergsteiger wie Reinhold Messner und Hans Kammerlander wurde diese Vorgehensweise bei Bergen und Routen zur Selbstverständlichkeit, die früher nur durch Expeditionen (→Expeditionsstil) und mit Hilfe von mehreren Lagern, →Fixseilen und großen Trägermannschaften angegangen wurden.

Basislager | Ausgangslager am Fuße des zu besteigenden Berges, in dem alle für eine Expedition erforderlichen Ausrüstungsgegenstände, Medikamente, Verpflegung usw. deponiert werden.

Biwak | Improvisiertes Lager zum Ruhen und Übernachten mit leichtem oder minimalem Schutz – zum Beispiel in einer Schneehöhle oder im Biwaksack. Biwaks werden in der Regel in großen Höhen eingerichtet und nur für den Auf- und Abstieg genutzt. Die Grundversorgung von Expeditionen erfolgt aus dem →Basislager. Unter einer sogenannten Biwakschachtel versteht man eine kleine stationäre Notunterkunft.

Col | Pass, Sattel, Joch oder Übergang zwischen zwei Bergen.

Couloir | Offene Rinne in einem steilen Hang oder einer Wand, die häufig dadurch zu erkennen ist, dass sie in Wänden ein durchgängiges Schneeband abbildet. In Abhängigkeit der Schnee-/Eisoberfläche eignet sich das Couloir deshalb gegebenenfalls für Steilwandabfahrten mit Skiern.

Expeditionsstil | Im Gegensatz zum →Alpinstil handelt es sich hierbei um die Besteigungsmethode (eines hohen Berges), bei dem sich die Bergsteiger von großen Teams unterstützen lassen. Diese Teams tragen Lasten (Träger), richten gegebenenfalls sogar (Hoch-) Lager ein (→Sherpas) und sichern den Berg mit Seilen, Leitern und anderen technischen Hilfsmitteln.

Felshaken | Die Felshaken werden beim Felsklettern (Granit, Sandstein, Kalkstein ...) als Hilfsmittel zum Bau eines gesicherten Standplatzes oder als Zwischensicherung eingesetzt. Es gibt unterschiedliche geometrische Formen und Größen, wobei sie immer aus einem im Fels zu befestigenden Körper und einer Öse bestehen, in die der Karabiner des Kletterseils eingehakt wird.

Fixseile | Seile, die zur Erleichterung von Auf- und Abstieg fest in einem Hang oder einer Wand verankert werden. Sie dienen dazu, schwierige Kletterpassagen im Fels oder Eis schneller zu überwinden und dadurch das Risiko eines Absturzes zu reduzieren. Im Gegensatz zu den Anfängen des Höhenbergsteigens werden heute im →Alpinstil immer weniger Fixseile angebracht, um den Berg nicht »in Ketten« zu legen und auf diese Weise die Eleganz einer Besteigung zu erhöhen.

Flanke | Steile bzw. vertikale Fels- und/oder Eiswand, die einen hohen Neigungswinkel aufweist.

Freiklettern | Klettern ohne technische Hilfsmittel, bei dem sich der Bergsteiger allein mit Händen und Füßen an natürlichen Haltepunkten festhält, die das Gelände ihm bietet. Ein gegebenenfalls eingesetztes Seil dient lediglich der Sicherung des Bergsteigers und nicht dem Vorwärtskommen.

Friends | Überbegriff für eine Vielzahl von Sicherungselementen, die sich form- und kraftschlüssig in einem Felsspalt verhaken, wenn sie – bzw. das Seil, welches an ihnen befestigt wird – belastet werden.

Gletscherspalte | Durch die Bewegung eines Gletschers werden im Eis Spalten aufgerissen. In Abhängigkeit des Gletschervolumens können diese bis zu mehreren Hundert Metern tief sein. Gletscherspalten sind besonders gefährlich, wenn sie von Schnee zugeweht wurden und damit für den Bergsteiger nicht sichtbar sind. Kleinere Gletscherspalten können von Bergsteigern übersprungen, mittlere und größere Gletscherspalten entweder umgangen oder mit technischen Hilfsmitteln (Leitern u.ä.) überquert werden.

Jümar | Klemmbügel, den der aufsteigende Bergsteiger zu seiner Sicherung am →Fixseil einklinkt und mitschiebt. Bei Verlust des Gleichgewichts oder Abrutschen hält ihn diese Sicherung am Berg und verhindert damit den Absturz aus der Wand.

Kamin | Schmaler Felsspalt, durch den der Bergsteiger nach oben bzw. unten klettert.

Karabiner | Länglicher Metallbügel mit Schraub- und/oder Schnappverschluss zum Einklinken – zum Verbinden von Seilen, Schlingen und Haken. Mit Karabinern werden auch Ausrüstungsgegenstände am Klettergurt des Bergsteigers fixiert, wie Pickel, Eisgeräte (spezielle Pickel zum Klettern an gefrorenen Wasserfällen oder gefrorenen Eiswänden) oder Skier.

Klemmkeil | Technisches Hilfsmittel, um beim Klettern eine Zwischensicherung legen zu können oder einen Standplatz einzurichten. Der Klemmkeil wird in einem Felsspalt fixiert, um das Seil hindurchzuführen. Klemmkeile werden analog zu den →Friends wieder aus der Verankerung genommen und bleiben – im Gegensatz zum →Felshaken – nicht in der Wand.

Kletterseile | Seile, welche zur Sicherung zwischen den Bergsteigern genutzt werden. Im Gegensatz zu →Fixseilen werden diese nicht in einem Hang oder einer steilen Wand verankert, sondern vom Bergsteiger mitgeführt. Sie dienen dazu, Expeditionspartner in schwierigen Kletterpassagen im Fels oder Eis und bei Gletscherüberschreitungen (→Gletscherspalte) zu sichern.

Kombiniertes Gelände | Auf- oder Abstiegsroute, die sowohl Kletterpassagen im Fels als auch im Eis aufweist. Technisch häufig anspruchsvoll, da Fels und Eis unterschiedliche Klettervoraussetzungen (Technik, Ausrüstung, Fähigkeiten ...) erfordern.

Moränen | Wälle aus Geröll, Erde, Sand und Felsbrocken, die durch die Bewegung des Gletschers aufgeworfen werden. Moränen befinden sich häufig am unteren Ende eines Gletschers, wo häufig auch das Basislager errichtet wird.

Pfeiler | Vertikal hervorstehende Felsstruktur.

Rinne | Lange, schmale vertikale Einbuchtung im Berg.

Schwierigkeitsgrad | Angabe für die technische Komplexität einer Bergbesteigung über eine bestimmte Route. Weltweit existieren viele unterschiedliche Bewertungssysteme.

Seillänge | Kletterdistanz zwischen zwei Sicherungspunkten bzw. zwei Seilpartnern. Kletterseile sind häufig zwischen 40 und 60 Meter lang.

Seilschaft | Kletterteam, meist aus zwei, oft auch aus drei oder vier Bergsteigern bestehend, selten aus mehr Personen.

Serac | Durch die Gletscherbewegung und Aufreißen des Eises entstandene Eisblöcke, Spitzen und Türme aus Eis. Diese sind besonders gefährlich bei hohen Bewegungsgeschwindigkeiten des Gletschers bzw. bei Sonneneinstrahlung, da sich bei diesen Bedingungen die Gefahr eines Einsturzes wesentlich erhöht.

Sherpa | Ursprünglich sind die Sherpa ein Volk tibetanischen Ursprungs, das während der vergangenen 500 Jahre in den Zentral- und Süd-Himalaja eingewandert ist. Seit britische Extremsportler, Entdecker und Abenteurer in der ersten Hälfte des 20. Jahrhunderts Männer aus dem Volk der Sherpa als Träger und Führer im Himalaja angeheuert hatten, wird der Name Sherpa synonym für Träger im Hochgebirge gebraucht. Im Gegensatz zu den reinen Trägern sind die Sherpas jedoch Expeditionsteilnehmer, die nicht nur Ausrüstung und Vorräte tragen, sondern auch Routen suchen, Hochlager einrichten und nicht selten den angestrebten Gipfel gemeinsam mit ihren Kunden besteigen.

Sirdar | Leiter der →Sherpas.

Steigeisen | Hochfeste Metallzacken, die als Aufstiegshilfe formschlüssig unter die Bergstiefel geschnallt bzw. geklipst werden. Diese dienen dazu, steile Eishänge und Eisflanken zu bewältigen, wobei den Frontalzacken eine besondere Bedeutung zukommt, da sie häufig das gesamte Körpergewicht aufnehmen müssen.

Wächte | Eine vom Wind angewehte, über eine Kante oder einen Grat hinausragende Schneemasse. Hochgefährlich bei starken Temperaturschwankungen (Tag/Nacht), da sie bei Erwärmungen wegbrechen und den Bergsteiger dann mit in die Tiefe reißen können.

Zitierte und ergänzende Literatur

Becker, Wolfgang (1998): Strategisches Management, Bamberger Betriebswirtschaftliche Beiträge, 4. Auflage, Bamberg.

Bednarz, Klaus (2004): Am Ende der Welt, Rowolth Verlag, Berlin.

Beer, Stafford (1979): The Heart of Enterprise, John Wiley & Son Ltd., London.

Beer, Stafford (1981): Brain of the Firm, John Wiley & Son Ltd., New York.

Boukreev, Anatoli/deWalt, Gary Weston (1999): Der Gipfel – Tragödie am Mount Everest, 6. Auflage, Wilhelm Heyne Verlag, München.

Boukreev, Anatoli (2003): Über den Wolken, Wilhelm Heyne Verlag, München.

Breashers, David (2001): Bis zum Äußersten, Wilhelm Heyne Verlag, München.

Buhl, Hermann (1982): Pilgrimage – The great mountaineering classic, Penguin Books Ltd., Middlesex, England.

Buhl, Hermann (2007): Achttausend drüber und drunter, ungekürzte Taschenbuchausgabe, Piper Verlag, München.

Bullinger, H.-J./Kiss-Preußinger, E./Spath, D. (Hrsg.) (2003): Studie: Automobilentwicklung in Deutschland – wie sicher in die Zukunft? Chancen, Potenziale und Handlungsempfehlungen für 30 Prozent mehr Effizienz, Fraunhofer Verlag, Stuttgart.

Bullinger, H.-J./Warschat, J. (Hrsg.) (1997): Forschungs- und Entwicklungsmanagement, B. G. Teubner, Stuttgart.

Buzze, Robert/Gale, Bradley (1989): Das PIMS-Programm, Strategien und Unternehmenserfolg, Gabler-Verlag, Wiesbaden.

Dalai Lama (2000): Das Buch der Menschlichkeit, deutsche Ausgabe, Verlagsgruppe Lübbe, Bergisch Gladbach.

Dickinson, Matt (1999): Drama am Mount Everest – eine Expedition kämpft gegen den Tod, deutsche Erstausgabe, Knaur Verlag, München.

Drucker, Peter F. (1995): Managing in a time of great change, First Printing, Truman Tally Books, Dutton, New York.

Drucker, Peter F. (1997): Sinnvoll wirtschaften, Econ, Düsseldorf/ München.

Drucker, Peter F. (1999): Management im 21. Jahrhundert, Econ, München.

Drucker, Peter F./Nakaudi Isao (1996): Die globale Herausforderung, Econ, Düsseldorf.

Eschenbach, Rolf/Eschenbach, Sebastian/Kunesch, Hermann (2003): Strategische Konzepte, 4. Auflage, Schäffer-Poeschel Verlag, Stuttgart.

Gatt, Stefan (2004): Crazy climbs, Rosenheimer Verlagshaus, Rosenheim.

Gillmann, Peter (2000): Everest, deutsche Ausgabe, Bruckmann Verlag, München.

Gomez, P./Probst, G. (1999): Die Praxis des ganzheitlichen Problemlösens, Paul Haupt, Wien.

Hahne, Peter (2007): Schluss mit lustig, 76. Auflage, Verlag der St.-Johannis-Druckerei, Lahr/Schwarzwald.

Höfler, Horst (1989): Sehnsucht Berg, BLV Verlagsgesellschaft, München.

Huber-Reiter, Johannes (2003): Risikomanagement, Diplomarbeit an der FH Steyr/Österreich.

Kammerlander, Hans (1999): Bergsüchtig, 3. Auflage, Piper-Verlag, München.

Kammerlander, Hans (2000): Abstieg zum Erfolg, Piper-Verlag, München.

Kammerlander, Hans (2002): Unten und oben, Piper-Verlag, München.

Kammerlander, Hans (2004): Am seidenen Faden, Piper-Verlag, München.

Kling, Kevin/Tapponier, Paul (2006): Berge, Frederking & Thaler, München.

Krakauer, Jon (1998): In eisige Höhen, deutsche Ausgabe, Piper Verlag, München.

Krakauer, Jon (1999): Auf den Gipfeln der Welt, deutsche Ausgabe, Piper Verlag, München.

Krystek, Ulrich/Müller-Stewens, Günter (1999): Frühaufklärung für Unternehmen, Schäffer-Poeschel Verlag, Stuttgart.

Kurek, Rainer (2003): 30 per cent more efficiency in product development, in: Sachsenmeier, P./Schottenloher, M. (Hrsg.) (2003): Challenges Between Competition and Collaboration – The Future of the European Manufacturing Industry, Springer, Berlin.

Kurek, Rainer/Schindler, Sabine (2002): Gewinner von morgen handeln heute – Erfolgsstrategien für Zulieferunternehmen, Deutsche Verlags-Anstalt, Stuttgart/München.

Kurek, Rainer (2004): Erfolgsstrategien für Automobilzulieferer – Wirksames Management in einem dynamischen Umfeld, Springer Verlag, Heidelberg.

Kurek, Rainer/Nell-Breuning, Constanze von (2005): Automobilbau im Alleingang – Der faszinierende Weg von der Idee bis zum fertigen Sportwagen, Gabler Verlag, Wiesbaden.

Kurek, Rainer (2006): Nutzfahrzeug-Dieselmotoren – Stand der Technik – Entwicklungs- und Innovationspotenziale – Optimierungspotenziale, Carl Hanser Verlag, München.

Malik, Fredmund (1984): Strategie des Managements komplexer Systeme, 6. Auflage, Paul Haupt, Bern/Stuttgart.

Malik, Fredmund (1997): Wirksame Unternehmensaufsicht, FAZ-Verlag, Frankfurt.

Malik, Fredmund (2000): Führen-Leisten-Leben, 7. Auflage, Deutsche Verlags-Anstalt, München/Stuttgart.

Malik, Fredmund (2005): Gefährliche Managementwörter, 4. Auflage, Frankfurter Allgemeine Buch, Frankfurt/Main.

Messner, Reinhold (1977): Die großen Wände, BLV Verlagsgesellschaft, München.

Messner, Reinhold (1979): Alleingang am Nanga Parbat, BLV Verlagsgesellschaft, München.

Messner, Reinhold (1980): K2 – Berg der Berge, BLV Verlagsgesellschaft, München.

Messner, Reinhold (1996): Berge versetzen: das Credo eines Grenzgängers, BLV Verlagsgesellschaft, München.

Messner, Reinhold (1996): Nie zurück, BLV Verlagsgesellschaft, München.

Messner, Reinhold (1997): Everest, Expedition zum Endpunkt, 2., aktualisierte Auflage, BLV Verlagsgesellschaft, München.

Messner, Reinhold (2000): Mallorys zweiter Tod, BLV Verlagsgesellschaft, München.

Messner, Reinhold (2002): Der nackte Berg, Piper Verlag, München.

Nell-Breuning, Oswald von (1985): Arbeitet der Mensch zuviel?, 3. Auflage, Herder Verlag, Freiburg im Breisgau.

Petrik, Ivo (1990): Bilder aus dem Himalaja, Brockhaus Verlag, Leipzig.

Radke, Philipp/Abele, Eberhard/Zielke, Andreas E. (2004): Die smarte Revolution in der Automobilindustrie, Redline Wirtschaft bei Ueberreuter.

Reichmann, Thomas (2001): Controlling mit Kennzahlen und Managementberichten, Verlag Vahlen, München.

Sale, Richard/Cleare, John (2001): On Top Of The World, Climbing the World's 14 highest Mountains, deutsche Ausgabe, BLV Verlag, München.

Schulz-Schaffer, R. (2003): An der Grenze des Erträglichen, In: GEO – das Reportage-Magazin: Everest – 50 Jahre Höhenrausch,Ausgabe 04/2003, Gruner + Jahr, Hamburg.

Seitwert, Lothar J. (2005): Wenn Du es eilig hast, gehe langsam, Campus Verlag, Frankfurt/Main.

Simon, Hermann (2002): Geistreiches für Manager, ungekürzte Taschebuchausgabe, Piper Verlag, München.

Simpson, Joe (1991): Sturz ins Leere, deutsche Ausgabe, Piper Verlag, München.

Stadler, Hubert/Asal, Susanne (2005): Patagonien Feuerland, C. J. Bucher Verlag, München.

Stark, Peter (2002): Zwischen Leben und Tod, deutsche Ausgabe, Rowolth Verlag, Reinbek bei Hamburg.

Trenker, Luis/Dumler, Helmut (1974): Die höchsten Berge der Welt, Verlag F. Bruckmann, München.

Venables, Stephen (2006): Bis ans Limit, deutsche Ausgabe, Bruckmann Verlag, München.

Wank, Ulrich (2002): Break your limits, Piper Verlag, München.

Weathers, Beck (2000): Für tot erklärt, Deutscher Taschenbuch Verlag, München.

Wiedeking, Wendelin (2006): Anders ist besser, Piper Verlag, München.

Willis, Clint (2000): Der schimmernde Berg, Rowolth Verlag, Berlin.

Womack, James P./Jones, Daniel T./Roos, Daniel (1997): Die zweite Revolution in der Automobilindustrie, Heyne, München.

Womack, James P./Jones, Daniel T./Roos, Daniel (1996): Lean Thinking, Simon & Schuster, New York.

Autoren

Hans Kammerlander ist einer der besten aktiven Extrembergsteiger der Welt. Bekannt wurde der staatlich geprüfte Berg- und Skiführer sowie langjährige Leiter der Alpinschule Südtirol vor allem durch seine spektakulären Besteigungen von 13 der 14 Achttausender im Himalaja. Alle Besteigungen unternahm er »by fair means«, das heißt ohne Zuhilfenahme von künstlichem Sauerstoff und ohne die Berge mit zahllosen Fixseilen »in Ketten zu legen«. Dieser Stil charakterisierte bereits seine Expeditionen mit Reinhold Messner, mit dem er sieben Achttausender gemeinsam bestieg.

Als erstem Menschen gelang ihm 1990 eine Skiabfahrt durch die Diamirflanke des Nanga Parbat, 1996 folgte dann die vielbeachtete Skiabfahrt vom Gipfel des Mount Everest, nachdem er zuvor einen sensationellen Aufstiegsrekord realisiert hatte. Im Mai 2007 glückte Kammerlander die Erstbesteigung des bis dahin als unbezwingbar geltenden 7.350 Meter hohen Jasemba.

Die konditionellen und klettertechnischen Voraussetzungen dieser einzigartigen Erfolge erwarb sich der Südtiroler in den heimischen Alpen und Dolomiten. Bereits als Achtjähriger bestieg er mit dem Moosstock seinen ersten Dreitausender, der Ausgangspunkt für mehr als 3.000 Klettertouren in den höchsten Schwierigkeitsgraden gewesen ist. Mehr als fünfzig Erstbesteigungen und zahlreiche Alleingänge im sechsten Schwierigkeitsgrad zieren sein Tourenbuch. Bereits im jugendlichen Alter bezwang er die Nordwände des Eiger, des Matterhorns sowie des Grandes Jorasses und qualifizierte sich auf diese Weise für seine späteren Expeditionen. Im Winter 1988 führte er die bis dahin schnellste Begehung am Cerro Torre in Patagonien durch, wo er 1989 die Aguja Pointcenot bestieg.

Viele seiner Expeditionen wurden von verschiedenen Fernsehsendern begleitet, wobei die ARD/ZDF-Live-Übertragung von der 6.812 Meter hohen Ama Dablam (2004), die Mitarbeit am Spielfilm »Schrei aus Stein« von Werner Herzog (1990) und seine Expeditionen zum Nuptse East (2003) in der breiten Öffentlichkeit die größte Beachtung fanden.

Hans Kammerlander wurde 2002 zum »offiziellen Botschafter der Berge« benannt und im selben Jahr mit dem »Rotary Preis« ausgezeichnet. Mit »Abstieg zum Erfolg« (Bergverlag Rother, 1987), »Bergsüchtig« (Piper, 1999), »Unten und oben« (Piper, 2002), »Genusswandern in Südtirol« (2003), »Am seidenen Faden« (Piper, 2004) und »WindGeflüster« (2006) veröffentlichte er bislang insgesamt sechs Bücher.

Hobbybergsteiger und Wanderfreunde aus aller Welt führt Hans Kammerlander regelmäßig in die Berge seiner Heimat Südtirol und in die Dolomiten. Besonders beliebt sind die 24 und 36 Stunden dauernden Marathonwanderungen oder die verschiedenen Ski- und Wanderwochen. In den Wintermonaten hält er zahlreiche Vorträge im gesamten deutschsprachigen Raum, wobei seine Multivisionsshows in unnachahmlicher Weise seine einmaligen Bergsteigerabenteuer dokumentieren.

Rainer Kurek verantwortet als Geschäftsführer der MVI Group die strategische Ausrichtung, die Organisation sowie die Unternehmensentwicklung der international agierenden Engineering-Gruppe. Als Dienstleister der Automobilindustrie arbeitet die MVI Group mit etwa 1.000 Mitarbeitern an zwanzig Standorten weltweit.

Darüber hinaus ist Kurek seit 2001 geschäftsführender Alleingesellschafter der Automotive Management Consulting (AMC).

Vor seiner Tätigkeit als MVI-Geschäftsführer war Kurek als Mitglied der Geschäftsleitung für den Vertrieb der IVM Automotive verantwortlich. Darüber hinaus projektierte er von 1998 bis 2000 für IVM Automotive die Karosserie-Entwicklung einer deutschen Großserienlimousine. Die für diese Aufgabe erforderliche technische Kompetenz erarbeitete sich der studierte Maschinenbauingenieur im Rahmen der Entwicklung, Planung und Fertigung des ultraleichten Mittelmotorfahrzeugs »KUREK GT 6«.

Von 1994 bis 1998 leitete Kurek die Produktentwicklung der VENTREX Automotive, Graz, für die er 1997 den steirischen Innovationspreis gewann (»Klimaanschlussventile für den Kraftfahrzeugbereich«). Seit 2001 fungiert er als Aufsichtsrat der Industrieholding-Beteiligungs-AG, Muttergesellschaft der VENTREX Automotive.

Als Bereichsleiter »Automotive« des Malik Management Zentrums St. Gallen (MZSG) entwickelte Kurek das Seminar »Gewinnerstrategien in der Automotive Supply Chain«, das Ausgangspunkt für sein erstes Wirtschaftsfachbuch »Gewinner von morgen handeln heute« gewesen ist (DVA, 2002). Im April 2004 veröffentlichte er mit Erfolg das Managementbuch »Erfolgsstrategien für Automobilzulieferer« (Springer-Verlag). 2005 folgte das Automobilfachbuch »Automobilbau im Alleingang« (Gabler-Verlag), das die Entstehungsgeschichte der einzigartigen Kurek-Sportwagen beschreibt. Sein letztes Werk »Nutzfahrzeug-Dieselmotoren« erschien im Oktober 2006 im Carl Hanser-Verlag.

Als Referent auf zahlreichen Kongressen (u.a. Handelsblatt-Jahrestagung) und Autor vieler praxisrelevanter Veröffentlichungen doziert Kurek zudem als Lektor an der FH Steyr.

Erste Stimmen zum Buch

»Treffender hätte man die Analogie alpinen Bergsteigens zum Managen der aktuellen Situation in der Automobilindustrie nicht beschreiben können. Zwar kann ich meine, wenn auch sehr bereichernden, Erfahrungen des Bergsteigens und Kletterns keinesfalls mit denen Herrn Kammerlanders vergleichen, aber die Analogien zu meinen Einblicken in die Lage und Probleme der Automobilindustrie in Deutschland kann ich nach jahrelanger Tätigkeit bei Zulieferern und OEMs nur bekräftigen.

So teile ich nicht nur die Einschätzung der Autoren in den Punkten ›derzeitig existenzbedrohende Probleme in der Branche‹ und ›haltgebende Wertevertretung der Führungskräfte, insbesondere Kontinuität und Zuverlässigkeit als Lösungsvoraussetzung‹, besonders wichtig empfinde ich die Ernsthaftigkeit der Hinweise, wie gefährlich die aktuelle Selbstüberschätzung und Kultur der Management-Fehler-Toleranz sind. Danke für dieses Buch!«

Joachim Wettcke, Technische Entwicklung BMW Group

»Analogien, denke ich, sind ein großartiges Mittel, Zuhörer oder Leser zu erreichen. Sie verwirren zunächst, denn sie scheinen mit dem eigentlichen, erwarteten Thema nichts zu tun zu haben. Sie wecken Neugier und Aufmerksamkeit. Wenn man Metaphern oder Analogien aus einem ›exotischen‹ Umfeld wählt, hat man sein Publikum schon fast gewonnen. Besonders kritische oder gar tadelnde Botschaften in Analogien gekleidet, führen beim Hörer nicht sofort zu blockierender Abwehr und Rechtfertigung des eigenen (unter Umständen falschen) Handelns. Damit erhöht sich die innere Bereitschaft zur sachlichen Auseinandersetzung. Meisterhaft sind Analogien (Gleichnisse) im Neuen Testament wiedergegeben, die unser menschliches Verhalten reflektieren, erst nach einer Denkpause zur Selbsterkenntnis führen und uns damit selbstkritischer werden lassen.

Analogien aus dem Extrembergsteigen für Managementverhalten abzuleiten, ist ein interessanter Ansatz, wie das Buch deutlich macht. Auch ich bewundere Menschen wie Hans Kammerlander aufgrund ihrer einmaligen Leistungen und der jahrlangen Trainingsqualen, die sie auf sich nehmen. Sicher gibt es bei den Leistungen von Extremisten viele Parallelen zu Managementleistungen, aber die wesentliche Aufgabe eines Managers ist es nun einmal, den Spagat zwischen unterschiedlichsten Interessen zu meistern, so wie die Autoren es in diesem Buch beschreiben. Die notwendigen Eigenschaften eines modernen Managers werden ebenfalls hervorragend dargestellt.«

Axel Balk, ehemaliger Entwicklungsleiter Volkswagen Nutzfahrzeuge

»Bei der Lektüre des Buches fand ich einen sehr spannenden Aspekt, der mich schon lange beschäftigt. Grundsätzlich habe ich folgende Grundmuster in meiner bisherigen Automotive-Laufbahn beobachten können:

- Herausragende Leute arbeiten in einer völlig unwirksamen Organisation.
- Ingenieure vergraben sich in die Technik und haben keine Ahnung von Business Development.
- Charismatische Unternehmensführer kennen nur das Ich, bringen ein Unternehmen mit Entlassungen und Budgetcuts steil nach oben, kassieren ab und verlassen das Unternehmen.

Wirkliche Spitzenunternehmen sind im Automobilumfeld kaum mehr auszumachen. Doch bei den wenigen, die auch heute noch echte Spitzenleistungen erbringen, kann man eine äußerst spannende Korrelation beobachten, die zeigt, womit eine solche Leistung verbunden ist: Das ist die Eigenschaft des CEOs als sogenannte ›Level 5 Führungskraft‹. Bescheiden mit extremem Willen und Disziplin. Und diese interessante Parallele findet sich auch in diesem lesenswerten Buch: Willensstärke, Ehrgeiz und Bescheidenheit sind für Spitzenleistungen entscheidend. Mein Fazit: Endlich ein Buch, das den Blick über den Tellerrand wagt!«

Ralf Anderseck, ehemaliger Entwicklungsdirektor VISTEON

»Den Bezug zwischen den Anforderungen eines Spitzenkletterers und unserem (Führungs-)Leben herzustellen hat mir sehr gut gefallen. Das Buch war somit nicht nur spannend, sondern schafft Bewusstsein bei den Lesern.

Ich teile die Meinung der Autoren zu 100 Prozent. Wenn wir in der Wirtschaft mehr Führungsmenschen hätten, die aufgrund ihrer Verantwortung auch entsprechend lebten und trainierten, würde ›die Post ganz schön abgehen‹ und es würde viel, viel weniger ›Abstürze‹ geben. Gut trainierte Chefs sind die Basis für eine hochmotivierte Unternehmenskultur; die wiederum schafft Effizienz und Innovation. Genau dasselbe muss man von Menschen in wichtigen Führungspositionen erwarten können.«

Hans-Peter Mauch, Geschäftsführer W. Zimmermann GmbH & Co. KG

»Die Verwendung von Bildern und Analogien aus dem Höhenbergsteigen bei der Analyse und Beschreibung von typischen Phänomenen des industriellen Managements halte ich für sehr gelungen. Es existieren tatsächlich viele Parallelen zwischen beiden Bereichen.

Ich denke, der von den Autoren gewählte Ansatz bietet viele nützliche Erkenntnisse – nicht nur für Automobilmanager!«

Tilman G. Eckstein, Inhaber Consulting & Equity Unternehmensberatung

»Dass Führung in der dynamischen Automobilindustrie kein beschaulicher Spaziergang ist, weiß zwar jeder. Was es aber braucht, um dauerhaft Spitzenleistung zu bringen, Risiken und Erfolgspotentiale richtig einzuschätzen und schließlich ambitionierte Ziele zu erreichen, zeigt Rainer Kurek mit seiner Analogie zum Extrembergsteigen umfassend auf. Ein Buch, das Mut macht, weil es auch verdeutlicht, dass gutes und erfolgreiches Management das Ergebnis von laufendem Training und der Anwendung von fundiertem Managementwissen ist und damit nicht auf wenige Talente beschränkt ist.«

Rainer Hoffmann, Geschäftsführender Gesellschafter carhs.training GmbH

»Was hat die Aufgabenstellung von Extrembergsteigern und Managern gemein? Wohl mehr als beide auf Anhieb vermuten, und ›Direttissima zum Erfolg‹ ist der Beleg dafür. Wie den Extrembergsteiger Hans Kammerlander seine Expeditionen auf die Achttausender, führen auch die Herausforderungen für die deutsche Automobilindustrie die Akteure in unwegsames Gelände, das teilweise noch nicht einmal kartographiert ist. Als Ausgangspunkt dienen Fakten und Daten, deren Bezug freilich in die Vergangenheit zeigt. Doch es geht um Künftiges. Aus der Standortbestimmung gilt es Ziele und Strategien, also möglichst die Direttissima zum Erfolg, abzuleiten. Wie selbstverständlich macht Autor Rainer Kurek die Parallelen zwischen Extrembergsteigen und den Herausforderungen für Manager in der Automobilindustrie erkennbar. Denn die Gipfel der höchsten Berge der Erde bieten keinen Platz für Abenteurer, sondern erfordern vor allem hartes und diszipliniertes Arbeiten – eben das, was gutes Management auszeichnet.

›Direttissima zum Erfolg‹ ist kein Lehrbuch, aber lehrreich allemal. Und unterhaltsam obendrein: Beide Welten haben viel Spannendes zu bieten, wenn man erst hinter die Kulissen blickt. Genau das erlauben die beiden Autoren Hans Kammerlander und Rainer Kurek.«

Wilhelm Mißler, Chefredakteur Automobil Industrie